Ullstein

ÜBER DAS BUCH:

Dieses Buch beweist die Existenz einer intelligenten Vorzeittechnik. Anhand von Steinritzzeichnungen aus der Tempelstadt Chavin de Huantar (Peru, zwischen 850-200 v. Chr.) gelang es dem Autor, die damalige Technik zu entschlüsseln. Aufgrund neuer Untersuchungen über den Ursprung uralter, aus der Luft kartierter Landkarten Südamerikas wird vermutet, daß etwa zur Zeit König Salomos Auswanderer aus dem vorderen Orient mit Schiffen nach Peru kamen und dort einen neuen Gottesstaat gründeten. Ihr mitgebrachtes technisches Wissen verewigten sie in diesen Zeichnungen. In dieser Zeit kannte man vermutlich kaum Physik und Mathematik und mußte sich mit dem Kopieren bewährter Vorbilder der Natur begnügen. Das Buch ist ein Appell, sich auf das innovative Potential dieser Technik zu besinnen, um Wege aus den Sackgassen heutiger technischer Irrläufer zu finden.

DER AUTOR:

Dr.-Ing. Wolfgang Volkrodt wurde 1925 in Leipzig geboren. Nach Rückkehr aus der Kriegsgefangenschaft studierte er Physik und Elektrotechnik und promovierte 1961 an der TU Braunschweig zum Dr.-Ing. Nach 30jähriger Tätigkeit als technischer Leiter von Entwicklungsabteilungen der Siemens AG und zuletzt im Prokuristenrang schied er 1980 aus dem aktiven Dienst. Etwa 120 Patente konnten bis 1980 auf seinen Namen angemeldet werden.

Weitere Veröffentlichung:
Eine ganz andere Technik (1992).

Wolfgang Volkrodt

Zeitalter der Götter

Die intelligente Technik der Vorzeit

Ullstein

Phantastische Phänomene
Ullstein Buch Nr. 35482
im Verlag Ullstein GmbH,
Frankfurt/M - Berlin
Ursprünglich unter dem Titel erschienen:
Es war ganz anders

Ungekürzte Ausgabe
Mit 43 Abbildungen

Umschlagentwurf:
Vera Bauer

Taschenbuchausgabe mit freundlicher
Genehmigung der F. A. Herbig
Verlagsbuchhandlung GmbH, München

Printed in Germany 1994
Druck und Verarbeitung:
Ebner Ulm
ISBN 3 548 35482 3

November 1994
Gedruckt auf alterungsbeständigem
Papier mit chlorfrei
gebleichtem Zellstoff

Die Deutsche Bibliothek - CIP-Einheitsaufnahme

Volkrodt, Wolfgang:
Zeitalter der Götter : die intelligente Technik der Vorzeit /
Wolfgang Volkrodt. - Ungekürzte Ausg. -
Frankfurt/M ; Berlin : Ullstein, 1994
(Ullstein-Buch ; Nr. 35482 : Ullstein-Sachbuch)
ISBN 3-548-35482-3
NE: GT

Inhalt

Vorwort

Es war 1960, als ich mich für die Technik unserer Vorzeit zu interessieren begann. Mein Arbeitgeber, die Siemens AG, hatte mich in die USA entsandt. Hintergrund der Mission war, daß Siemens über Kontakte mit US-Unternehmen den Anschluß an die in Deutschland noch unterentwickelte Atomenergietechnik suchte. Dazu mußte man als Gegenleistung dem US-Gesprächspartner in Deutschland erarbeitetes fortschrittliches technisches Know-how anbieten. Ich hatte um 1955 eine völlig neue Art von Elektromotoren entwickelt. Die Motoren waren nur etwa halb so schwer wie die bis dahin in den USA gebräuchlichen. Später wurde meine Art neuer Motoren zum Vorbild weltweit verbreiteter Normmotoren.

Bei meiner Mission mußte ich häufig in kleineren Städten im Inneren der USA übernachten. Dort fand ich im Hotel fast immer auf dem Nachttisch neben dem Bett eine Bibel. Eine unter ihnen fiel aus dem gewohnten Rahmen. Sie war reich bebildert und vermied schwer erklärbare Fremdwörter. Beim Lesen stolperte ich am Ende des dritten Kapitels der »Genesis« im Alten Testament. Dort wird berichtet, wie Gott vor dem Garten Eden, dem Paradies, die Cherubim mit lodernden Flammenschwertern als Wächter aufstellte. Doch der Übersetzer des Alten Testaments, der einer uns in Deutschland unbekannten Sekte angehörte, hatte in seiner Fassung das mystische Wort »Cherubim«

vermieden und dafür »engines« geschrieben. Wie kam er dazu?
Im Kommentar der deutschen Einheitsübersetzung der Bibel heißt es: »Übermenschliche Wesen und Feuer bewachten in den Urzeiterzählungen vieler Völker den Zugang zu verbotenen Orten.« Die Cherubim kommen auch an anderen Stellen des Alten Testaments vor. Eine fast schon in technische Einzelheiten gehende Schilderung findet sich beim Propheten Ezechiel. Dampf, Rauch, Feuer, Lärm, schwingende Arme und Flügel sind wesentliche Kennzeichen der Cherubim. Also, schloß der amerikanische Bibelübersetzer, muß ein Cherub eine Art »engine«, eine Wärmekraft- oder Dampfmaschine gewesen sein, und ersetzte kommentarlos den uns unverständlichen alttestamentarischen Begriff »Cherub« durch das geläufige Wort »engine«. Darf man auf so einfache Art uns unverständliche Bibelstellen begreifbar machen, fragte ich mich?
Die Begegnung mit der »Dampfmaschine« in einer etwas kuriosen Bibelübersetzung wurde für mich zu einer Art Schlüsselerlebnis. Ich begann mich zunehmend für die Technik in unserer Vorzeit zu interessieren. Begierig sammelte ich alle einschlägigen Veröffentlichungen. Doch manche unter ihnen schmeckten mir nicht. Da war zuviel Phantasie im Spiel. Wozu brauchte man utopische Weltraumfahrzeuge von außerirdischen »Göttern«, um vorgefundene Zeugnisse über eine intelligente Vorzeittechnik erklären zu können? Könnte es auch sein, daß es tatsächlich früher schon einmal auf unserer Erde eine von Menschen entwickelte und angewandte fortschrittliche Technik gegeben hat, die später unterging?
Als ich 1980 nach dreißigjähriger Tätigkeit als Wissenschaftlicher Berater der Siemens AG aus dem Berufsleben ausstieg, wobei in den Jahren etwa 120 Patente auf meinen

Namen angemeldet wurden, hatte ich Zeit, mein gesammeltes Material über die Vorzeittechnik zu sichten und auszuwerten. Erste Versuche zu Veröffentlichungen anfangs der achtziger Jahre brachten wenig Resonanz. Überraschend schrieb mich im Mai 1990 der Herbig Verlag an und fragte, ob ich ein Sachbuch über »Technikarchäologie« schreiben könnte. Da eine Fülle einschlägigen Materials über unsere Vorzeittechnik bei mir vorlag, sagte ich zu – und so entstand schließlich dieses Buch.

Wolfgang Volkrodt

1

Warum wir zuwenig über die Vorzeittechnik wissen

Wenn man etwas nicht weiß, so kann das verschiedene Gründe haben. Entweder besteht kein Interesse daran, über ein bestimmtes Sachgebiet Näheres zu wissen. Oder es existiert hierzu keine Notwendigkeit, weil solche Kenntnisse zur Bewältigung von Gegenwartsproblemen nichts beitragen können. Oder es fehlt an der Ausbildung, um sich in ein so komplexes Gebiet wie Vorzeittechnik einarbeiten zu können.

Archäologen und Historiker werden kaum Zugang zur Klärung technischer Fragen finden. Bessere Chancen haben gestandene Ingenieure mit langjähriger Erfahrung. Meine reichen etwa 30 Jahre zurück. Ich war nicht einseitig spezialisiert, sondern arbeitete auf den Gebieten der Elektrochemie, des Motorenbaus und der modernen Dauermagnettechnik. Später kam die elektronische Halbleitertechnik hinzu. Ich mußte spezielle Elektronik- und Funkentstörlabors errichten und mich mit Problemen der Verträglichkeit zwischen elektromagnetischen Feldern und Wellen auseinandersetzen. Das Fachwissen war auf diesem Gebiet in den sechziger und siebziger Jahren ähnlich gering wie in der Anfangszeit der Röntgenstrahlen.

Der Aufenthalt in den mit starken elektromagnetischen Feldern und Wellen durchdrungenen Labors zehrte an den Nerven. Doch niemand kannte die wirklichen gesundheitlichen Risiken. Ein schrecklicher Schock für mich war, als urplötzlich der sehr begabte achtunddreißigjährige Leiter meines Elektroniklabors nervlich durchdrehte, Selbstmord beging und dabei Frau und Tochter in den Tod mitnahm. War das eine Folge der jahrelangen schädlichen Einwirkungen der starken Felder im Labor? Niemand wußte hierauf eine Antwort.

Obwohl erst fünfundfünfzigjährig und hochdotiert im Range eines Siemens-Prokuristen, stieg ich 1980 aus der Industrie aus. Die Zweifel, ob die Art von Technik, die ich selbst drei Jahrzehnte lang vorangetrieben hatte, richtig und verantwortbar war, ließ mich im bisherigen Stil nicht weiterarbeiten. Zwei Fragen lagen ungeklärt vor mir:

1. Gibt es zusätzlich zum Strahlenrisiko durch Radioaktivität der Atomkraftwerke noch andere Risiken durch elektromagnetische Felder und Wellen?
2. Ist unsere heutige Art der Technik die einzig mögliche und richtige, oder sind noch ganz andere Arten vorstellbar?

Zur Frage eins fand ich in den letzten Jahren eine eindeutige Antwort: Innerhalb der Vielfalt elektromagnetischer Wellen sind zusätzlich zu Röntgen- und Gammastrahlen diejenigen mit Wellenlängen von einigen Zentimetern bis zu wenigen Dezimetern für biologische Systeme kritisch. Bauteile der Natur wie Tannennadeln, Blattrippen oder Nervenfasern mit ihren im Zentimeterbereich liegenden Abmessungen wirken wie resonanzfähige Antennen. In ihnen erfolgt eine Wandlung der Feldenergie vorbeistreichender Wellen in eine Art elektrischen Strom. Als Kriterium, ob ein biologisches System lebt oder tot ist, gilt, daß beidseitig von Zellmembranen unterschiedliche elektrische Spannungspotentiale anstehen. Diese werden durch die Lebewesen selbst erzeugt. Seitdem es bei uns mit Zentimeterwellen arbeitende Radar- und Richtfunksysteme gibt, überlagern sich den natürlichen Potentialen die aus technischen Systemen fremdinduzierten Spannungen. Wenn elektrische Ladungen von Bäumen in den Erdboden wandern, kommt es dort zu einer Art Elektrolyse mit Bodenversauerung. Obwohl seit mehreren Jahren unsere Waldschädenforscher wissen, daß es »neuartige Waldschäden« auch in typischen Reinluftgebieten wie auf Hawaii oder Neuguinea gibt, halten unsere maßgebenden und regierungsamtlichen Stellen immer noch an den Luftschadstoff- und Saure-Regen-Theorien fest. Dies hat überwiegend politische Gründe. Der Atomenergie-Lobby paßt die veraltete Luftschadstoff-Theorie besser in ihr Konzept, weil Atomkraftwerke keine sauren Luftschadstoffe ausstoßen. Außerdem möchte man nicht, daß sich die Erkenntnis in der Bevölkerung verbreitet, an neuartigen Waldschäden seien vornehmlich Strahlenwirkungen von Radar- und Richtfunkanlagen schuld. Damit würde die Strahlenfurcht angeheizt, was die Forderung nach baldigem Abschalten der Atomkraftwerke wieder aufleben ließe.

Es gibt noch einen weiteren, ganz andersartigen Grund für das starre Festhalten an den falschen Saure-Regen-Theorien. Dutzendfach konnte bewiesen werden, daß neuartige Waldschäden vornehmlich auf denjenigen Kämmen und Hängen unserer Mittelgebirge auftreten, die im Einwirkungs- und damit Strahlenbereich leistungsstarker Radar- und ähnlicher Mikrowellen-Spionageanlagen des US-Geheimdienstes liegen. Die mit viel Elektronik vollgepackten Türme oder Kunststoff-Dome auf zahlreichen Bergrücken sind Produkte des »kalten Krieges« zwischen Ost und West. Vermutlich werden sie bald abgeschaltet. Dann müssen aber die Verursacher neuartiger Waldschäden zu Schadenersatz an die geschädigten Waldbesitzer verpflichtet werden. Wenn aber Geheimdienste mit im Spiel sind, wird es schwierig, zu juristisch und wissenschaftlich klaren Aus-

Waldschäden durch Richtfunk und Radar

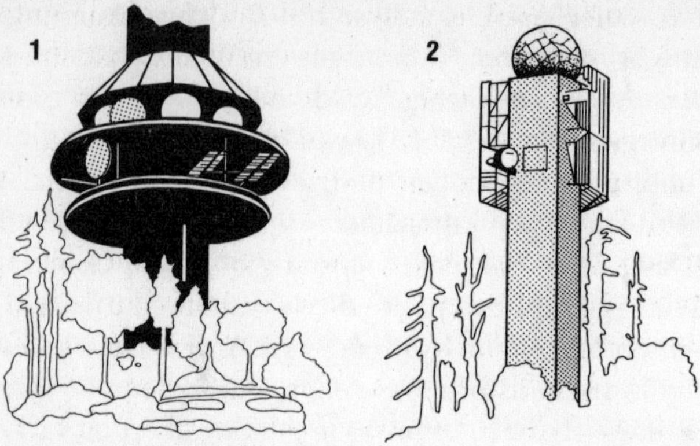

Bild 1 und 2: Unsere »moderne« Technik steht der Natur feindlich gegenüber. Bis vor vierzig Jahren gab es noch keine Atomenergie und Mikrowellenfunktechnik für Radar und Richtfunk. Die »neuartigen« Waldschäden finden sich vornehmlich im Einwirkungsbereich von solchen Sendeanlagen. Das linke Bild zeigt Richtfunkantennen auf dem Ochsenkopf im Fichtelgebirge, das rechte Bild eine mit Mikrowellen arbeitende Spionageanlage auf dem Würmberg im Harz. Ringsum sterbender Wald!

sagen zu gelangen. An solchen sind auch nicht diejenigen Professoren interessiert, die bislang sich allzu sehr für die leider falschen Saure-Regen-Theorien stark gemacht haben. Vorstehendes Beispiel soll veranschaulichen, gegen welche Mauer von Voreingenommenheit und fremden Mächten ein Warner anrennt, wenn er die Richtigkeit bisheriger Theorien in Zweifel zu ziehen wagt. Dies gilt gleichermaßen für die zweite Frage, die ich mir stellte: »Ist unsere heutige Art von Technik die einzig mögliche und richtige?« Hierbei müssen wir berücksichtigen, daß die heutige Technik ja kaum hundert Jahre alt ist. Erfindungen, die zuvor zustande kamen, wie Dampfmaschinen und Dampflokomotiven, sind inzwischen zum alten Eisen gelegt. So auch auf dem Gebiet des Flugwesens. Heutige moderne Flugzeuge haben kaum noch Gemeinsamkeiten mit den lahmen Fluggeräten oder gar den gasgefüllten Luftschiffen der dreißiger Jahre. Das Prinzip der Atomkernspaltung wurde 1938 entdeckt. Sieben Jahre später, 1945, detonierten bereits die ersten Atombomben. Denken wir an die Entwicklung der Halbleitertechnik, der Transistoren, der Computer, an die Weltraumfahrt, die Satellitenfunktechnik und so weiter in den letzten Jahrzehnten! Es ist nicht übertrieben zu behaupten, die moderne Technik ist in einem atemberaubenden Tempo »explodiert«. Ein sogenannter technischer Fortschritt jagte den anderen. Es blieb keine Zeit, darüber nachzudenken, ob die eingeschlagene Entwicklungsrichtung stimmt oder korrekturbedürftig ist. Sich damit auseinanderzusetzen, wird von uns auf spätere Generationen verlagert. Sie müssen, nachdem wir die noch vorhandenen restlichen Rohstoffreserven an Kupfer, Eisen, Erdöl und Kohle aufgebraucht haben, neue technische Lösungen für ein dann noch halbwegs annehmbares Leben auf unserem ausgeplünderten Planeten finden.

Jeder, der es wagt, die Richtigkeit der technischen Entwicklung der letzten Jahrzehnte in Zweifel zu ziehen, setzt sich der Gefahr aus, von den Mächtigen aus Industrie, Wirtschaft und Politik als irrer Außenseiter an den Pranger gestellt zu werden. Diese Mächtigen bestimmen, für welche Forschungsobjekte Gelder zur Verfügung gestellt werden. Für Hochschulinstitute besteht kaum eine Chance, für Forschungsarbeiten zur Klärung der Frage, ob die Gegenwartstechnik auf dem richtigen Weg ist, Geldmittel zu erhalten. Auch bei der Waldschädenforschung gab es bisher nur Geld für Vertreter der Saure-Regen-Theorien. Andere Wissenschaftler, die den Strahlenrisiken auf der Spur waren, erhielten bislang vom Staat keinen Pfennig.

Mit dieser gezielten Steuerung von Forschungsgeldern haben Industrie und die von ihnen abhängige Politik ein starkes Machtmonopol in der Hand. Wehe, ein Außenseiter wagt zu behaupten, die heutige Art von Technik führt in die Irre, sei verantwortungslos gegenüber unseren Nachfahren! Er wird von der zuständigen Obrigkeit mit einem Schemabrief gemaßregelt. In ihm steht: »Es gibt bislang keine wissenschaftlichen Erkenntnisse, die als Bestätigung der von Ihnen vertretenen neuen Theorien verwertbar sind.« Natürlich kann es gar keine diesbezüglichen Erkenntnisse geben, weil die bislang betriebene Forschungspolitik durch Verweigerung von Geld solche gezielten Arbeiten unmöglich macht.

Wer zu behaupten wagt, es gab bereits vor mehreren Jahrtausenden eine intelligente Technik auf unserer Erde, die in mancher Hinsicht sogar der heutigen überlegen war, zieht sich ferner den Zorn der meisten Archäologen und Historiker zu. Für sie wäre das Eingeständnis, daß sie bei ihren wissenschaftlichen Arbeiten über unsere Vorzeit einige sehr wesentliche Aspekte übersehen haben, völlig unerträglich. Auch Religionswissenschaftler kämen in Verlegenheit, weil manche ihrer bisherigen Interpretationen des Vorzeitgeschehens sich als falsch erweisen könnten.

Hinzu kommen noch die Argumente meiner eigenen Ingenieurskollegen. Unsere moderne Technik wäre ohne Vorhandensein umfangreicher Kenntnisse der Physik völlig unmöglich. Zusätzlich bedarf es zum Entwurf von technischen Erzeugnissen des Handwerks sehr weitreichender mathematischer Kenntnisse und Fähigkeiten. Schaut man sich uns überlieferte Funde aus der Vorzeit an, zum Beispiel Steintafeln mit Hieroglyphen, so muß man bezweifeln, daß damals jemand bereits das Große Einmaleins der Mathematik beherrscht hat. Was an physikalischen Erkenntnissen vorlag, betraf den Lauf der Gestirne. Doch mit solchen

Kenntnissen konnte man niemals neuartige Maschinen bauen.
Bei all diesen Argumenten wird ein wesentlicher Aspekt außer acht gelassen: Es gibt auf unserer Erde seit der Existenz erster Lebewesen vor etwa 3,5 bis 4 Milliarden Jahren bereits eine intelligente Technik! Sie begann in der sogenannten Ursuppe der Weltmeere mit riesigen Algen- und Tangkulturen. Sie verwerten heute noch die Sonnenenergie über Photosynthese zur Erzeugung immer neuer Biomasse wirkungsvoller als unsere modernsten photovoltaischen Solaranlagen.
Später entwickelten sich bei Lebewesen zwecks Fortbewegung im Wasser, zu Lande und in der Luft ausgeklügelte Skelett-, Gelenk-, Muskel- und Sehnensysteme. Selbstredend berücksichtigte diese Entwicklung optimal die Gesetze der Physik. Wie sonst konnten die vielen Hebel und Gelenke so zuverlässig und langlebig funktionieren?
Man hat in Afrika Feuerstellen von unseren menschenähnlichen Vorfahren entdeckt, die man auf eine Zeit vor etwa zwei Millionen Jahren datiert. Die vorgefundenen Knochenreste von verzehrten Tieren lassen vermuten, daß sich eine Sippe Hominider an den Feuerstellen üppige Fleischmahlzeiten zubereitet hat. Selbstredend sammelte man damals beim Zerlegen der erjagten Tiere bereits Erfahrungen, wie das Hebelsystem von Beinen aufgebaut und in Gelenken gelagert ist. Ab wann man anfing, solche Erkenntnisse für erste einfache technische Geräte wie zum Beispiel Dreschflegel zu verwerten, wissen wir nicht. Vermutlich mußte zu solchen technischen Entwicklungen erst eine zwingende Notwendigkeit bestehen. Diese ergab sich erst beim Übergang vom Jäger und Sammler zum seßhaften Bodenbearbeiter und Viehzüchter, also um etwa 8000–5000 v. Chr.

Noch ein anderes Ereignis zwang zur Auseinandersetzung mit neuartiger Technik: die weltweiten Sintfluten in der Nacheiszeit! Seit etwa 10 000 v. Chr. stiegen durch das Abschmelzen des Polareises und von Festlandgletschern im hohen Norden die Wasserspiegel der Weltmeere um etwa 150 Meter an. Viel ursprünglich fruchtbares Land verschwand unter dem Meeresspiegel. Menschen mußten fliehen, neue Siedlungsräume suchen und gegen Feinde absichern. Not macht bekanntlich erfinderisch. Könnte es sein, daß vor mehreren Jahrtausenden bereits einmal eine Art Technik ähnlich »explodierte« wie bei uns in den zurückliegenden hundert Jahren? Die Intelligenz hierfür dürfte vorhanden gewesen sein. Laut Schädelausmessungen, meinen die Wissenschaftler, sind seit mindestens 30 000 Jahren die Menschen zu ähnlichen Denkleistungen fähig wie in der Gegenwart.
Doch wie konnte man technische Erzeugnisse bei Fehlen jeglicher physikalischer und mathematischer Kenntnisse entwickeln? Darauf gibt es eine einfache Antwort: Durch das Kopieren vorgefundener technischer Vorbilder der Natur, durch Basteln und Probieren, bis endlich das gewünschte Erzeugnis funktionierte. Das hat viel Zeit gekostet und erforderte schließlich die Weiterentwicklung von technisch verwertbaren Metallen. Anfangs kannte man nur Kupfer. Es war für technische Geräte zu weich. Um etwa 5000 v. Chr. entdeckte man, daß sich Kupfer durch Zulegieren von Zinn oder Arsen härten läßt. Für den daraufhin folgenden Übergang in die Bronzezeit muß es einen äußeren Anlaß gegeben haben. Einen vergleichbaren Sprung in ein neues Zeitalter mit neuartiger Werkstofftechnik hat es in den letzten Jahrzehnten bei uns gegeben. Lange Zeit spielte chemisch reines Silizium in der Technik überhaupt keine Rolle. Urplötzlich entstand ein Massenbedarf, nachdem

man die hervorragende Eignung von Silizium für die Halbleiter-Elektronik entdeckt hatte. In kürzester Zeit mußte eine neue Industrie zur wirtschaftlichen Fertigung hochreinen Siliziums aus dem Boden gestampft werden.
Ähnlich dürfte es beim Übergang von der Kupfer- in die Bronzezeit zugegangen sein. Mit der Entdeckung der gegenüber Kupfer weit härteren Bronze ergab sich die Chance zum Bau von völlig neuartigen technischen Geräten und Maschinen. Haben wir ausreichend Zeugnisse, um welche Art von Maschinen es sich damals handelte? Ja – sie werden nachfolgend im einzelnen behandelt. Doch diese Maschinen lassen sich mit unseren heute gebräuchlichen kaum vergleichen. Man kopierte bevorzugt bewährte Vorbilder der Natur. Diese kennt aber nur eine hin- und hergehende Bewegung. Unsere heutige Technik verwertet eine spätere Erfindung der Bronzezeit: die der Töpferscheibe! Alles dreht sich in unserer heutigen Technik: die Drehbank, das Rad des Autos, der Propeller oder Jet des Flugzeugs, die Schraube des Motorschiffs, die Trommel in der Waschmaschine. Unsere heutige Technik hat den »Drehwurm«. Ist sie damit einer anderen Art von Vorzeittechnik, die sich nach inzwischen vorliegenden Erkenntnissen bevorzugt der hin- und hergehenden Bewegung bediente, überlegen? Keineswegs! Dazu einige Beispiele aus der Natur:
– Ein Elefant, der ähnlich einem unserer Lastkraftwagen sich statt auf Beinen auf Rädern fortbewegen müßte, bliebe jämmerlich in der Wildnis seines normalen Lebensraumes stecken. Die Wahl des Rades für heutige Fortbewegungsmittel zog die Konsequenz nach sich, daß wir unser Land mit riesigen Flächen voller Beton und Asphalt unfruchtbar machen mußten.
– Ein Vogel mit seinem Schwingflügelvortrieb kann sich von jeder beliebigen Stelle aus in die Luft erheben und

überall wieder landen. Unsere Flugzeuge brauchen kilometerlange Start- und Landebahnen. Wenn im Falle eines Motorschadens nicht zufällig eine Landebahn in erreichbarer Nähe ist, zerschellt das Flugzeug im Gelände.

– Ein Fisch oder Delphin mit seiner eleganten Fortbewegung im Wasser durch zyklischen Schwanzschlag kommt mit wesentlich weniger Energiebedarf voran als ein mit rotierender Schraube angetriebenes modernes Schiff. Kippt eines unserer Schiffe im Wasser um, ertrinken die Menschen. Ein Fisch, ein Delphin oder eine Ente können weder umkippen noch ertrinken.

Es gibt noch eine Vielzahl von Beispielen, die beweisen, daß die seit vielen Jahrmillionen in der belebten Natur bewährte Technik weit intelligenter ist als unsere gegenwärtige »Drehwurmtechnik«. Ist sie möglicherweise ein entarteter Irrläufer? Diesen Verdacht darf man zur Zeit nicht laut äußern, um nicht als »Spinner« diffamiert zu werden. Doch unsere Nachfahren werden es in spätestens 300 Jahren, wenn die wesentlichen Resourcen unserer Erde durch unsere heutige Art von zuviel Rohstoffe und Energie fressender, entarteter Technik nicht mehr verfügbar sind, besser wissen als heutige Zeitgenossen. Leider ist der gegenwärtige Unfug in der Technik kaum zu bremsen, geschweige denn rückgängig zu machen. Darum wird es höchste Zeit, daß wir uns mit der als künftige Alternative allein in Betracht kommenden Naturkopietechnik auseinanderzusetzen beginnen. Dabei brauchen wir nicht bei Null anzufangen, sondern können von unseren Vorfahren lernen, was ihnen an Technik in der Zeit vor etwa 2000 bis 6000 Jahren bereits möglich war.

2

Wo finden sich Beweise für die Vorzeittechnik?

Im Vorwort zitierte ich aus der Deutschen Einheitsübersetzung der Bibel, was darin zum Begriff Cherubim steht: »Übermenschliche Wesen und Feuer bewachten in den Urzeiterzählungen vieler Völker den Zugang zu verbotenen Orten.« Daraus ist zu schließen, daß es eine umfangreiche Literatur vieler Völker über das Cherubim-Thema gibt. Ähnlich findet sich im Alten Testament (Gen 6,5–9,29) zum Thema Sintflut als Kommentar: »Sintflutsagen finden sich bei vielen Völkern.« Natürlich war ich neugierig, wie zusätzlich zur Bibel in anderer Literatur die Cherubim, die Sintflut und die Arche Noahs beschrieben wurden. Möglicherweise lassen sich dort weitere, in mehr technische Einzelheiten gehende Darstellungen finden.

So versuchte ich Mitte der siebziger Jahre an weiterführende Literatur heranzukommen. Ich bemühte mich um Hochschulkontakte. Meist erhielt ich keine Antwort oder man sagte mir, ich solle selbst einmal nach passender Literatur in der Universitäts-Bibliothek nachschauen. Experten zu den von mir angesprochenen Themen gäbe es nicht mehr. Diese Generation ist an den Universitäten ausgestorben.

Zusätzlich suchte ich das Gespräch mit studierten Theologen. Deren Aussagen waren nicht einheitlich. Ich fragte: »Wer war der alttestamentarische Gott Jahwe? Ist er identisch mit dem Gott, von dem Jesus im Neuen Testament spricht?« – »Das ist Glaubenssache jedes einzelnen«, sagte mir ein betagter Herr. Anders war die Aussage jüngerer, weltoffener Theologen: »Jahwe war ein Regionalgott, wie es viele andere im Vorderen Orient gegeben hat. Es sollen einmal an die 70 gewesen sein. So steht es im Alten Testament. Vermutlich war Jahwe der letzte in diesem Kreis der Vorzeit-Götter. Er hatte das Pech, viele Jahre kein eigenes, ihm untertanes und zu Tribut verpflichtetes Volk zu besitzen, und mußte sich erst ein solches Volk suchen. Er fand es in schwieriger Situation im Exil in Ägypten. Den dortigen Israeliten unterbreitete er sein Angebot: ›Ich nehme euch als mein Volk an. Ich bin künftig euer Herr und Gott. Ihr sollt keine anderen Götter neben mir haben!‹ Als Gegenleistung dafür, daß Jahwe zusammen mit seiner ›himmlischen Heerschar‹ das Land Palästina als künftigen Wohnsitz für die Israeliten eroberte, war ihm ›sein Volk‹ zu erheblichen Tributzahlungen verpflichtet.«

Ich wies in meinen Gesprächen mit Theologen darauf hin, daß mir aufgefallen war, daß für den zu zahlenden Tribut, zum Beispiel in Form feingezwirnten Leinens, ganz konkrete Maße im Alten Testament genannt werden. Ähnlich präzise Maßangaben finden sich für die technischen Geräte vor König Salomos Tempel. Kaum begreifliche Abmessungen werden für die Arche Noahs genannt. Woher kannten sie die Schriftgelehrten des Alten Testaments?

Man klärte mich auf, und in dieser Hinsicht waren alle angesprochenen Theologen gleicher Meinung: In den älteren Fassungen des Alten Testaments gab es keinerlei Maßangaben. Diese wurden alle erst bei einer Überarbeitung des überlieferten Materials während des Babylonischen Exils in den Jahren 586–538 v. Chr. nachgetragen. Damals hatten die Schriftgelehrten Israels freien Zugang zu den hervorragend ausgestatteten Bibliotheken Babylons. Von der Seefahrt hatten die Israeliten nicht die geringste Ahnung. Da sie aber besessen waren, für die Arche Noahs konkrete Abmessungen in die überarbeitete Fassung des Alten Testaments aufzunehmen, suchten sie so lange in den Bibliotheken Babylons, bis sie die technischen Daten eines seinerzeit besonders großen Schiffes entdeckt hatten und dichteten sie nachträglich der Arche Noahs an.

Ähnlich dürfte es sich mit den Beschreibungen und den Abmessungen der Gerätschaften vor König Salomos Tempel verhalten haben. Was sich darüber heute im Alten Testament finden läßt, kennzeichnet einen allgemein im Vorderen Orient seinerzeit bekannten technischen Stand, der in den Bibliotheken Babylons sachlich und nüchtern registriert worden war. Ob sich diese Quellen auf eine im sechsten Jahrhundert v. Chr. noch gebräuchliche Technik beziehen, oder etwas beschreiben, was mehrere Jahrhunderte oder sogar Jahrtausende zuvor existierte, läßt sich nachträglich schwer rekonstruieren. Hierbei können aber Vergleiche mit Überlieferungen anderer Kulturen, wie zum Beispiel der von Kreta oder Indien, verwertbare Anhaltspunkte liefern.

Ich versuchte in solchen Gesprächen mehr Klarheit über den Propheten Ezechiel zu erzielen. Dieser fällt bekanntlich durch seine bis ins Detail gehenden technischen Beschreibungen aus dem Rahmen der anderen Propheten. Er beruft sich auf einen göttlichen Auftrag, all das ihm zuteil gewordene technische Wissen der Nachwelt zu überliefern. Gab es wirklich diesen göttlichen Auftrag und wer war dieser Gott? Hierauf wurde mir erwidert, daß bekanntlich Ezechiel zu dem Kreis der Intellektuellen gehörte, der ins Babylonische Exil entführt worden war. Und hier hatte er gleich anderen den Zugang zu hervorragenden Bibliotheken. Viele Theologen neigen dazu, die Beschreibungen Ezechiels über seine Flüge über die Erde und die hierbei zum

Einsatz gekommenen Fluggeräte als Visionen abzutun. Das ist zu einfach, denn was Ezechiel in seinen Berichten festgehalten hat, kann niemals Visionen zur Grundlage haben. Das widerspricht allen Erfahrungen moderner Wissenschaft. Es gibt zwei Erklärungen: Entweder hat Ezechiel ähnlich anderen die technischen Berichte in den seinerzeitigen, ihm zugänglichen Bibliotheken studiert und darum seine eigene Geschichte gebaut, oder er hat tatsächlich alles so in Wirklichkeit erlebt, wie er es in seinem Bericht schildert.

Ich bekannte in meinen Gesprächen mit Theologen ganz offen, daß ich einer in der Zeit der Ereignisse des Alten Testaments real existierenden Vorzeittechnik auf der Spur bin. Fügt man hierbei gewonnene Erkenntnisse in die alttestamentarischen Überlieferungen ein, übersetzt zum Beispiel »Cherubim« mit »engine«, wie es bereits ein Amerikaner getan hat, so kommen viele bisherige religiöse Vorstellungen ins Wanken. Mir ist daran gelegen, bei der Darstellung der Vorzeittechnik keine religiösen Gefühle von Mitmenschen zu verletzen.

Diese Gefahr bestehe nicht, versicherten mir die befragten Theologen. Wenn ich mich zum Beispiel auf die konkreten Maßangaben im Alten Testament berufe, so haben diese nichts mit der Geschichte des Volkes Israel zu tun. Sie entstammen Dokumenten des Vorderen Orients, insbesondere Babylons, und geben lediglich einen technischen Stand wieder, wie er damals technisch versierten Fachleuten bekannt war. Das scheint nicht nur für den Vorderen Orient zuzutreffen, sondern auch den gesamten Mittelmeerraum und den indischen und chinesischen Großkontinent einzuschließen.

Solche Gespräche mit Theologen erwiesen sich für mich als nützlicher und weiterführender als das mühselige Suchen

nach spezieller Fachliteratur über die bei vielen Völkern bekannten Cherubim- und Sintflut-Sagen.
Durch Zufall erfuhr ich, daß in Kalkutta Prof. Dr. Dileep Kumar Kanjilal dabei war, altindische, bis zu 4000 Jahre v. Chr. zurückreichende Veden neu und modern zu übersetzen. Dabei wurden konkrete technische Angaben über seinerzeitige Fluggeräte, mit denen die Götter über große Strecken bei Tag und Nacht flogen, gefunden. Ob inzwischen das zusammenfassende Buch von Prof. Kanjilal, wie von ihm beabsichtigt, erschienen ist, entzieht sich zur Zeit meiner Kenntnis.
Ich weiß nicht, auf welche Art es sich vor Ende der siebziger Jahre herumgesprochen hat, daß ich mich für Dokumente über eine intelligente Vorzeittechnik interessiere. Eines Tages kam ein Brief mit einer Abbildung der Raimondi-Stele aus Chavin de Huantar/Peru ins Haus. Der Brief stammte von einem leider inzwischen verstorbenen Studienrat, der sich als Hobby-Archäologe in den Schulferien häufig an Ausgrabungen im Peruanischen Hochland beteiligt hatte. Er habe den Verdacht, auf der Raimondi-Stele und benachbarten anderen Stelen in Chavin de Huantar/Peru sei etwas »Technisches« dargestellt. Ob ich dies als gestandener Ingenieur deuten könnte. Er gab mir ferner den Hinweis, daß ich einen hervorragenden Gipsabdruck der Raimondi-Stele im archäologischen Museum der Knauf-Gipswerke in Iphofen nahe Würzburg sehen könnte. Dort fuhr ich hin und fand bei der Museumsleitung großes Interesse für meine technischen Deutungsversuche. Man unterstützte mich mit weiterem verfügbaren Material.
So hatte sich über mehrere Jahre viel Material angesammelt, das vom alten Israel über Babylon nach Indien und China und schließlich sogar bis nach Südamerika reichte. Dort verlieren sich dann auch die letzten Spuren der Vorzeittech-

nik. Allerdings, und das ist das Erstaunliche – erst um etwa 800 n. Chr., indessen sich im Vorderen Orient aus der Zeit nach dem Babylonischen Exil um 540 v. Chr. keinerlei Spuren von Vorzeittechnik mehr finden lassen.
Wenn man einen Bericht über eine wiederentdeckte intelligente Vorzeittechnik schreibt, so wird in der Regel verlangt, daß die Richtigkeit der Darstellung durch eine Vielzahl genannter Literaturquellen untermauert wird. Mein am Ende des Buches befindliches Quellenverzeichnis sieht recht mager aus. Ich vermied es, aus anderen Büchern passende Literaturhinweise abzuschreiben, und nenne daher anliegend nur solche Quellen, die für jedermann leicht zugängig sind. Das ist insbesondere die Bibel. Hiervon gibt es viele Übersetzungen. An der Deutschen Einheitsübersetzung im Herder-Verlag stört mich, daß man bei mehrdeutigen Wörtern diejenige Übersetzung gewählt hat, die sich am besten für religiöse Zwecke eignet. Wo in anderen Übersetzungen wie in der von Leopold Zunz, der »Heiligen Schrift« im Goldschmidt-Verlag, das Wort »Kraft« gebraucht wird, was bei technischer Betrachtungsweise die allein richtige Übersetzung sein kann, erscheint in der Deutschen Einheitsübersetzung das Wort »Geist«. Dadurch wird mehr vernebelt als erklärt.
Im anliegenden Literaturverzeichnis nenne ich Fachbücher über Präastronautik, Götter aus dem Weltall, alternative Physik und so weiter, in deren Literaturverzeichnissen interessierte Leser an die 3000 Quellen zum Thema finden. Die Berichte in diesen Büchern werden dadurch nicht glaubhafter, indem man möglichst viele Literaturquellen zitiert. Ich habe jedenfalls in all den vielen Weltraum-Götterbüchern, die ich gelesen habe, noch keinen überzeugenden Beweis gefunden, daß es tatsächlich außerirdische Götter waren, die unsere Erde mit einer intelligenten Vorzeittechnik be-

glückten. Nach meiner Meinung war alles viel einfacher. Es ist richtig, daß es auf unserer Erde vor einigen tausend Jahren bereits einmal eine intelligente Technik gegeben hat. Aber sie wurde von Menschen unserer Erde gemacht. Auch in der Vorzeit gab es wie in der Gegenwart eine wohlhabende Oberschicht, die sich die seinerzeit sehr teuren technischen Geräte oder zu ihrer Entwicklung benötigten Ingenieure leisten konnten. Diese Aristokraten demonstrierten dem einfachen Volk, das keinen Zugang zum Verständnis von technischen Geräten besaß, ihre Überlegenheit und Macht. Dazu dienten die furchteinflößenden Cherubim mit ihren schwingenden Schwertern, Feuer, Rauch und Lärm als Wächter vor den Herrschersitzen. Zusätzlich schwebten Cherubim vom Himmel herab und hinterließen beim Landen und Starten höllischen Lärm und Gestank. Außerdem gab es metallene Monster, die ähnlich einem Nilpferd durch die Gegend stampften. All das flößte dem leibeigenen Volk viel Angst und Respekt vor der Obrigkeit ein, die schließlich wie Götter verehrt zu werden verlangten. Zum Ritual gehörten Opfergaben und Tributzahlungen in Edelmetall, Kupfer, Bronze und Stoffbahnen mit genormten Abmessungen zwecks Ersatz von verschlissenen Teilen des technischen Gerätes der »Götter«. Die Spielregeln waren dieselben wie heute, wo sich Multimillionäre mit eigenen Düsenjets um die Welt chauffieren lassen, indessen der kleine ungebildete Mann im Unternehmen des Multimillionärs dafür arbeitete, daß sein Chef sich göttergleichen Luxus leisten konnte.
Wenn man davon ausgeht, daß Menschen seit mindestens 30 000 Jahren dasselbe Denkvermögen wie heutige besitzen, dann ist es mehr als wahrscheinlich, daß sich die Verhaltensweisen von Menschen vor einigen tausend Jahren kaum wesentlich von denen der Jetztzeit unterschieden.

Die wesentlichen Abweichungen zwischen der Vorzeit und jetzt sehe ich darin, daß die Technik in der Vorzeit anders funktionierte. Sie bediente sich der hin- und hergehenden Bewegung statt der heutigen Drehbewegung. Ferner diente die Technik seinerzeit nur einem winzig kleinen Kreis von »Göttern«, die das Wissen um ihre Technik streng geheim hielten. Heute ist Technik Allgemeingut, wobei es aber Unterschiede gibt, ob sich ein Mensch lediglich ein altes Fahrrad leisten kann, oder zu den Privilegierten gehört, die mit Chauffeur einen teuren Mercedes fahren.
Mir ist nicht daran gelegen, den Glauben an die Götter aus dem Weltall, den andere Buchautoren zu verbreiten versuchen, in Mißkredit zu bringen. Mir geht es als gestandener Ingenieur und nicht als Phantast um den Nachweis, daß Menschen unserer Erde aus eigener Kraft bereits in der Vorzeit in der Lage waren, hohe technische Intelligenzleistungen zu erbringen. Ferner bin ich in Sorge, daß unsere heutige Technik unseren Planeten nicht nur restlos seiner Rohstoffe beraubt, sondern auch so vergiftet, daß nachfolgende Generationen kaum noch Überlebenschancen haben. Dagegen etwas zu unternehmen, sollte Verpflichtung für jeden sein, der etwas von Technik versteht und noch über Verantwortungsbewußtsein verfügt. Ich betrachte es als eine Chance und als Glücksfall für unsere Erde, wenn wir uns endlich der Technik in unserer Vorzeit bewußt werden. Sie war anders als unsere heutige. Sie bediente sich der Kopie von langjährig in der freien Natur bewährten Vorbildern. Damit befand sie sich weitgehend im Einklang mit der Natur. Unsere heutige Technik hingegen ist gegenüber der Natur überwiegend feindlich eingestellt, siehe Waldsterben und Rodung der tropischen Regenwälder. Wenn es uns gelingt, die Naturkopietechnik wieder zu verstehen und sie zu verwerten, dann haben meine Darlegungen vielleicht

einen größeren Nutzen als Träume und Visionen über Götter, die aus dem Weltall zu uns kamen und möglichst bald wiederkommen sollen, um uns aus selbstgemachten Gegenwartsproblemen herauszuhelfen.

»Hilf Dir selbst, dann hilft Dir Gott!« So lautet ein alter Spruch. Wir können uns selber helfen, wenn wir nur wollen. Das ist besser als das Hoffen auf den Tag X, an dem Götter aus dem Weltall mit ihren UFOs bei uns landen, um die heutige entartete Menschheit wieder zur Vernunft zu bringen. Es könnte sein, daß der Tag X in eine Zeit fällt, wo es auf unserer Erde keine Menschen mehr, sondern nur noch verbrannte Erde gibt.

3

Noahs Arche – ein Dampfschiff?

Unter dieser Überschrift erschien in der Zeitschrift »Kehr wieder«, einem Magazin der Deutschen Seeschiffahrt (Herausgeber: Verband Deutscher Reeder), im Oktober 1984 ein Artikel von mir. Ich suchte auf diese Weise Kontakte mit erfahrenen Schiffbauern und Seefahrern, die mir erklären konnten, um welche Art von Schiff es sich bei der Arche Noahs gehandelt haben könnte. Nachfolgend einige Auszüge aus dem damaligen Artikel.

Primär geht es um die erstaunlichen Abmessungen der Arche Noahs. Jedermann kann darüber unter Genesis 6,15–16 in der Bibel nachlesen:

»So sollst du die Arche bauen: Dreihundert Ellen lang, fünfzig Ellen breit und dreißig Ellen hoch soll sie sein. Mache der Arche ein Dach und hebe es genau um eine Elle nach oben an! Den Eingang bring an der Seite an! Richte ein unteres, ein zweites und ein drittes Stockwerk ein!«

Eine seinerzeitige Elle entsprach etwa einem halben Meter. Folglich war die Arche Noahs ein Schiff mit drei Decks, hatte L = 150 Meter Länge, B = 25 Meter Breite und H = 15 Meter Höhe. Das sind Abmessungen, wie sie ein heutiges großes Schiff mit etwa 15000 Bruttoregistertonnen hat. Gut, man pflegte seinerzeit im Alten Orient bei Zahlenangaben kräftig zu übertreiben. Vielleicht sollte man überall eine Null wegstreichen. So einfach geht das aber nicht. Die Verhältniswerte der Hauptabmessungen von Schiffen sind

bekanntlich von der jeweiligen Schiffsgröße abhängig, wovon sich jeder beim Vergleich einer dickbäuchigen, kleinen Barkasse mit einem schlanken, großen Passagierschiff überzeugen kann. Mit den in der Bibel genannten Hauptabmessungen ergeben sich L:B = 6 und L:H = 10, was bei Vergleich mit den Verhältniswerten ähnlich großer Schiffe der Gegenwart sehr vernünftige und bewährte Relationen sind. Beim Wegstreichen von Nullen, also Reduktion der Länge der Arche auf lediglich 15 Meter, kommen wir auf im Schiffbau völlig unbrauchbare L:B oder L:H, sind keine drei Decks und auch nicht die laut Bibel an Bord zu nehmenden vielen Tiere unterbringbar.
Spricht man hierüber auf das Alte Testament spezialisierte Theologen an, so reagieren sie mit einem mitleidigen Lächeln: »Alle Maßangaben des Alten Testaments wurden erst in der Babylonischen Gefangenschaft, also um 550 v. Chr. von den israelitischen Schriftgelehrten ergänzt. Vermutlich wurden die Maße von hochseetüchtigen, phönizischen Tarschisch-Schiffen der Arche Noahs angedichtet.« Mit den Tarschisch-Schiffen, die unter anderem laut Bibel (1 Kön 10,22) im Auftrag König Salomos um 940 v. Chr. große Mengen Gold und Silber aus dem Land Ofir holten, ist es allerdings auch so eine mysteriöse Sache. An anderer Stelle der Bibel heißt es bei Jesaja 2,16 (er lebte etwa 740–701 v. Chr.): »Denn der Tag des Herrn kommt ... über alle Tarschisch-Schiffe und die kostbaren Segler ...« Danach sind Tarschisch-Schiffe keine Segler, und wenn sie die Maße der Arche Noahs gehabt haben, sicher auch keine Ruderschiffe gewesen. Aus der Angabe über die Lebenszeit des Propheten Jesaja müssen wir ferner schließen, daß es noch um 700 v. Chr. große Schiffe mit etwa 15 000 BRT gegeben hat.
Wenn diese Schiffe keine Segler und keine Ruderschiffe

gewesen sind – was aber dann? Vielleicht helfen hier altindische Quellen weiter. In ihnen werden Schiffe beschrieben, die wie »goldene Fische« aussahen, mit dem Rumpf unter Wasser schwammen, große »Hörner« auf dem Rücken trugen, aus denen gelegentlich Funken sprühten, und die mit »Schwanzschlägen« vorwärts getrieben wurden. Kleinere Schiffe, die mit Achterruderblättern vorwärts bewegt werden, gibt es heute noch in Indien.

Inzwischen wissen wir, daß unser Schiffsschraubenantrieb trotz aller Tricks beim Wirkungsgradvergleich mit dem Schwanzflossenvortrieb, zum Beispiel von Delphinen, relativ schlecht abschneidet. Das gilt aber fast generell für unsere gesamte, vom Urvater Töpferscheibe abgeleitete »Drehwurmtechnik« bei Vergleichen mit den andersartigen Antrieben der belebten Natur, mit den von Fischen, Vögeln, Gazellen.

Allem Anschein nach hatten unsere Vorfahren nicht den Ehrgeiz, klüger sein zu wollen als das, was sich bei den ihnen bekannten Lebewesen seit Millionen von Jahren hervorragend bewährt hat. Sie erfanden keine neuartige Technik, sondern kopierten mit handwerklichen Mitteln die Vorbilder der Natur. So gelang ihnen vielleicht auch die Nachbildung des Delphin-Schwingflossenvortriebs bei seinerzeitigen Schiffen. Genaueres wissen wir nicht. Aber Neugier scheint angebracht. Gibt es möglicherweise einen wegen erheblicher Kraftstoffersparnisse besseren Schiffsantrieb als mit den gegenwärtig üblichen Schrauben und Propellern?

Eine andere, fast ketzerische Frage: Kennt jemand in unserer Umwelt, in der freien Natur, ein Tier, das sich nur auf der Wasseroberfläche fortbewegen und weder zusätzlich tauchen oder fliegen kann, dafür aber, wenn es umkippt, jämmerlich ertrinkt? Ein Bekannter antwortete nach längerem Nachdenken ärgerlich: Ein so »saudummes Viech«

findet sich in der gesamten Natur nicht, weil so etwas nicht überlebensfähig ist. Nur wir Menschen haben es mit unserer angeblich so intelligenten Technik fertiggebracht, die Weltmeere mit derartigen schwimmenden Fehlkonstruktionen zu bevölkern. Warum bauen wir unsere Schiffe nicht gemäß Vorbildern der Natur und Vorzeit ganz anders?
Man nehme ein langes Spannbetonrohr vom Tunnelbau als Laderaum, siehe hierzu die Darstellung von Bild 3. Das Rohr ist nach Verlassen des Hafens mittels Ballasttanks zwecks Unterwasserfahrt flutbar. Der metallene Bug hat die Form einer Delphinschnauze. Im abkuppelbaren Schubheck befindet sich eine Maschinenanlage für den Schwingflossenvortrieb. Dieser Teil kann zwecks Vermeiden von Liegezeiten im Hafen hinter ein anderes, inzwischen mit neuer Ladung versehenes »Unterwasserrohr« umgesetzt werden. Über dem Antriebsheck schwebt ähnlich einer Bohrplattform der Schiffsleitstand mit Offiziers- und Mannschaftsräumen über dem Wasserspiegel. Sollte einmal in schwerer See alles schief gehen, löst sie sich vom Unterwasserschiff und dümpelt als Rettungsinsel auf dem Meer, bis Hilfe kommt. Dies klingt wie Science-fiction, obwohl es lediglich eine Umsetzung bewährter Vorbilder der Natur, die nicht auf dem, sondern im Wasser schwimmen und nicht ertrinken können, in eine heute machbare Gegenwartstechnik ist.
Kehren wir zu dem seltsamen Schiff der Vorzeit zurück, dessen Maße später der Arche Noahs angedichtet wurden. Es war kein Ruder- und kein Segelschiff, hatte sehr vernünftige L:B- und L:H-Relationen und war an die 15 000 BRT groß. Die Befragung von erfahrenen Schiffbauern an unserer Nordseeküste ergab, daß ein so großes Schiff unmöglich mit Segeln vorwärts bewegt werden konnte. Unsere größten Segelschiffe des 19. Jahrhunderts hatten meist höchstens

Die erstaunlichen Abmessungen der Arche Noahs

Bild 3: Die erstaunlichen Abmessungen der Arche Noahs halten jedem Vergleich mit einem modernen Mittelmeerkreuzfahrtschiff oder einem der heutigen Viehtransporter für 70000 Schafe stand. Das in alten indischen Veden beschriebene Schiff des Vishnu schwamm unter Wasser. Nur zwei »goldene Hörner« mit Dampf und Funken waren zu sehen. Diese Vorzeittechnik ist durchaus für unseren künftigen Schiffbau interessant.

3000 BRT. Es scheint auch nach unseren Kenntnissen unmöglich zu sein, ein 15 000 BRT-Schiff allein aus Holz zu bauen, wie es in der Bibel behauptet wird. Zumindest Kiel und Spanten müßten aus Metall gewesen sein. Das größte Rätsel, das verbleibt, ist das der Art des Vortriebs. Dazu wäre zumindest eine Art Dampfmaschine notwendig gewesen. Doch ist es vorstellbar, daß man vor etwa 3000 Jahren bereits Dampfmaschinen bauen konnte? Waren es Cherubim beziehungsweise nach amerikanischer Übersetzung »engines«, die damals bereits zum Antrieb großer Seeschiffe verfügbar waren?

Noch ein weiteres Rätsel aus der Vorzeit gibt es: Wo lag das sagenhafte Land Ofir, von wo sich König Salomo seine Gold- und Silberschätze mit den Tarschisch-Schiffen der Phönizier holen ließ? Vermutlich hatten diese Abmessungen wie die der Arche Noahs angedichteten. War hiermit von Palästina aus durch das Mittelmeer über den Atlantik ein Schiffsverkehr nach Südamerika möglich und lag dort das an Gold und Silber reiche Land Ofir? Am Amazonas fanden Archäologen verwitterte Münzen der Phönizier, die aus der Zeit vor Christi Geburt stammten. Müssen wir die Entdekkung Amerikas um mindestens zwei Jahrtausende im Vergleich zu Columbus vordatieren? Gab es möglicherweise zur Zeit König Salomos, also um 950 v. Chr., einen Kultur- und Technologietransfer vom Vorderen Orient nach Südamerika? Wie später noch dargestellt wird, spricht vieles dafür, daß dies Realität in unserer Vorzeit war.

4

Das Heißluftschiff des Herrn Jahwe

Wir Nachfahren des sogenannten christlichen Abendlandes tun uns schwer bei Diskussionen über die Ereignisse in der Zeit vor Christi Geburt. Damals lebten Heiden, unreine Menschen, die noch nicht an den einen und einzig wahren Gott glaubten.

Man begnügt sich meist mit einem Staunen über die Kunstfertigkeiten früherer Kulturen, den Keramikerzeugnissen der Jungsteinzeit, den kupfernen Schalen und Reliefs der Kupferzeit und schließlich den vielen Bronzegegenständen aus der Zeit zwischen 3000 bis 2000 v. Chr., aus der auch viele Funde schriftlicher Überlieferungen der Sumerer, Ägypter und Inder stammen.

Wesentlich jüngeren Datums sind schriftliche Überlieferungen über die vorchristlichen Götter in Griechenland (Homer, um 800 v. Chr.), in Palästina (Jahwistische Schicht um 900, elohistische Schicht um 720 und die Ergänzungen im Babylonischen Exil um 550 v. Chr.) und im Norden Europas (Edda, 800–1200 n. Chr.).

Keinem wird heute verübelt, wenn er sich über den seinerzeit höchsten Gott der Griechen namens Zeus und sein Gefolge, wie es in bekannten Offenbach-Operetten geschieht, lustig macht. Der anfängliche Kriegsheld wurde mit zunehmendem Alter zum lächerlichen Schürzenjäger und Vorbild heutiger Playboys. Auch die Rauf- und Saufbolde altgermanischer Prägung um Wotan, Thor und Loki erre-

gen nicht mehr allzuviel Respekt. Sie dienen heute als mehr oder weniger gute Themenvorlagen für die Bayreuther Richard-Wagner-Festspiele.
Problematisch sind hingegen Meinungsäußerungen über den bis etwa 540 v. Chr. in Palästina wirkenden Regionalgott Jahwe. Im Gegensatz zu den griechischen und germanischen Göttern duldete er keine anderen Götter neben sich und kannte kaum Scheu vor Racheakten gegen Abtrünnige und Ungehorsame. Der Respekt vor Jahwe hat sich bis heute erhalten.
Man kann stundenlang mit Theologen verschiedener Couleurs diskutieren, wer Jahwe wirklich war: ein Mensch unserer Erde ähnlich anderen religiösen Vorbildern wie Buddha, Jesus oder Mohammed, ein orientalischer Despot, ein menschliches Wesen wie ein Pharao oder der Inbegriff eines nur im Glauben und nicht mit dem Verstand erfaßbaren überirdischen Wesens namens Gott. Wer von Experten eine konkrete und überzeugende Antwort hierauf erwartet, wird enttäuscht.
In den israelitischen, griechischen, germanischen, aber auch indischen Überlieferungen gibt es viele Gemeinsamkeiten. Alle berichten über Menschen mit überdurchschnittlicher Körpergröße und Kraft. Alle kennen die Sprößlinge uralter Göttergeschlechter, die sich durch langes Leben und Weisheit auszeichneten. Und in allen Mythen und Sagen steigen Götter vom Himmel herab und herrscht ein reger Luftverkehr mit Wagen und feurigen Rössern. In einer griechischen Sage aus der Zeit um 2000 v. Chr. wird ein meilenweiter Segelflug des Dädalos beschrieben, wohingegen sein übermütiger Sohn Ikarus sein Fluggerät überbeanspruchte und abstürzte. Möglicherweise bediente sich damals Dädalos einer Art Hängegleiter, wie sie heute als Sportgeräte üblich sind. So ein einfaches Gebilde aus Stangen und feingezwirn-

tem Leinen konnte man ja schon vor mehreren tausend Jahren bauen. Wenn man Glück hatte, an einer steilen Mittelmeerküste auf gute Thermik zu stoßen, dann war durchaus ein meilenweiter Flug möglich.
Gemeinsamkeiten zwischen Zeus und Jahwe und deren Gefolge gab es in der Bevorzugung hoher Berge als Wohnsitz. Möglicherweise spielten dabei noch Ängste vor den nacheiszeitlichen Sintfluten eine Rolle. Wotan und seine Götterwelt blieben weit nördlich auf den Bergen Islands unter Nutzung der dortigen vulkanischen »Fußbodenheizung«. Sie hatten ständigen Ärger mit nacheiszeitlichen Wasserwogen, Gletscherspuk, Erdbeben und schließlich Vulkanausbrüchen, denen die germanische Götterwelt, nachdem sie zudem moralisch und sittlich ziemlich verkommen war, zum Opfer fiel.
Im Gegensatz zu Zeus und Wotan trat Jahwe nur als typischer Einzelgänger in Erscheinung und zeigte damit Ähnlichkeiten mit ägyptischen Pharaonen und despotischen orientalischen Herrschern, die vom untergebenen Volk verlangten, als Gott angebetet zu werden. Jahwes Macht gegenüber seinem Gefolge, für das er regelrechte Heerlager in Palästina unterhielt, wie auch gegenüber dem ihm tributpflichtigen Volk der Israeliten, war auf technische Überlegenheit gegründet. Worin diese bestand, demonstrierte er erstmalig zur Zeit Abrahams. Trotz dessen anfänglichen Protests warf Jahwe vom Himmel herab Feuer und Schwefel ins Siddimtal mit seinen offenen Asphaltgruben und den auf dem Toten Meer schwimmenden Petroleumlachen. Dabei entstand ein Qualm wie aus einem Schmelzofen. In der Mythologie heißt es, Jahwe wollte seinerzeit die bösen Menschen von Sodom und Gomorra vernichten. Neuere Überprüfungen von Archäologen ergaben, daß diese Geschichte nicht stimmen kann. Vermutlich

wurde die Geschichte über das von Jahwe vom Himmel herabgeworfene Feuer mehr oder weniger deshalb ins Alte Testament aufgenommen, um Furcht vor dessen großem Können zu erzeugen. Auch die griechischen Sagen kennen eine größere Zahl von Überlieferungen, bei denen Götter vom Himmel aus mit Feuer, Steinen oder eisernen Wurfgeschossen Feinde zu vernichten versuchten.

In der Zeit des Pharaos Ramses II. machte sich Jahwe in Ägypten bei Moses als derjenige bekannt, der vor langer Zeit einen Bund zu Gunsten der Israeliten abgeschlossen hatte. Er erbot sich als künftiger Gott, die Israeliten aus Ägypten in ein Land zu geleiten, in dem Milch und Honig floß. Die Ägypter setzten den auswandernden Israeliten nach. Doch um die Zeit der Morgenwache blickte Jahwe aus einer Feuer- und Wolkensäule von oben auf das Lager der Ägypter und brachte sie in Verwirrung (A. T. = Altes Testament Ex 14,24). Die Ägypter erschraken: Jahwe kämpfte auf der Seite Israels gegen Ägypten! Wir müssen fliehen! (A. T. Ex 14,25)

Aufgrund dieser Aussage war Jahwe als gefürchteter Kriegsherr, der mit Feuer aus einer Wolkensäule Kriege führte, in damaliger Zeit im Niltal und vermutlich weiteren Teilen des Vorderen Orients weitgehend bekannt. Wenn Jahwe den Israeliten sagte: »Ich nehme euch als mein Volk an und werde euer Gott sein« (A. T. Ex 6,7), so ist die Deutung naheliegend, daß Jahwe gleich Jesus oder Mohammed irdischen, menschlichen Ursprungs war und genau wie andere Menschen Stärken und Schwächen besaß. Letztere haben die Propheten Israels oft in Verzweiflung gebracht.

Jahwe führte sein Volk in einem jahrelangen Marsch, tags in einer Wolkensäule, nachts in einer Feuersäule ihm vorausfliegend, aus Ägypten. Er konnte also fliegen und dabei relativ dicht über dem Boden schweben und Tempo und

Richtung der israelitischen Marschkolonne einhalten. Das muß auch bei widrigen Winden funktioniert haben. Jedenfalls gibt es im Alten Testament keine Berichte, daß Jahwe mit seinem Fluggerät einmal abgetrieben oder gar abgestürzt ist. Das Gerät muß mit Feuer betrieben worden sein. Deshalb leuchtete nachts die »Wolke«. Außerdem muß die Maschine, welche das Fluggerät in einer bestimmten Richtung vorwärts bewegt hat, einen ziemlichen Lärm verursacht haben. Mit diesem Donnern, Rauch und Qualm bei mit voller Kraft arbeitender Maschine konnte Jahwe das Volk der Israeliten einschüchtern, als es mit ihm bei der Übergabe der Zehn Gebote am Berg Sinai Probleme gab.

Theologen werden vermutlich Protest erheben, wenn sich Ingenieure der Gegenwart das Recht nehmen, die Wolke und nächtliche Feuersäule schlichtweg als einen Heißluftballon zu deuten. Ähnliche Freiheiten haben sich bereits amerikanische Bibelübersetzer herausgenommen, indem sie den uns ungeläufigen Begriff »Cherubim« kurzerhand mit »engines«, also Dampf- oder Wärmekraftmaschinen, übersetzten.

Das Dilemma alttestamentarischer Chronisten war, daß sie den erst im nachchristlichen 18. Jahrhundert geprägten Begriff »Ballon« nicht kennen konnten. So mußten sie sich aus ihrem Wortschatz mit dem recht zutreffenden Begriff »Wolkensäule« begnügen.

Allein damit, daß einige verschwommene Begriffe des Alten Testaments durch heutige Ausdrücke ersetzt werden, ist die seinerzeitige reale Existenz von Jahwes Heißluftschiff natürlich noch nicht bewiesen. Dazu bedarf es weiterer Fakten.

Jahwes Angebot: »Ich nehme euch als mein Volk an« zog erhebliche materielle Konsequenzen für die Israeliten nach sich. Sie hatten fortan beträchtliche Abgaben in Form von

Gold, Silber, feingezwirntem Leinen, Delphinhäuten und so weiter an Jahwe zu leisten (A. T. Ex 25–27 und 35–40). Wurde die Kriegsbeute zum Beispiel bei der Plünderung von Jericho, auf deren Aushändigung Jahwe bestand, von jemandem unterschlagen, so rottete Jahwe kurzerhand dessen ganze Sippe aus. Abgaben und Kriegsbeute brauchte Jahwe nicht nur zur Bezahlung seiner Söldner – den »himmlischen Heerscharen« – und von Handwerkern, sondern auch als Ersatzteile und Nachschub für seinen technischen Apparat. Typisch für Ersatzteile sind genormte Maße. Sie müssen haargenau in bereits vorhandene Teile wie Lattengestelle und ähnliches passen. Aus Ex 26,1–6 können wir entnehmen, wie groß die von Jahwe geforderten »Zelttücher« aus Byssus, einem besonders feingezwirnten Leinen, sein mußten. Ein Zelttuch soll 14 Meter lang und zwei Meter breit sein. Alle Tücher sollen dasselbe Maß haben. Zehn Tücher müssen es insgesamt sein. Das ergibt eine Stoff-Fläche von 280 Quadratmeter. Ferner verlangt Jahwe, daß an jedem Zelttuch 50 Schleifen und 50 Goldhaken angebracht werden, mit denen man die Zelttücher miteinander verbinden kann. »Auf daß damit die ›Wohnstätte‹ ein Ganzes bildet«, heißt es am Ende von Exodus 26,6.
Zusätzlich fordert Jahwe elf Stoffbahnen aus Ziegenhaar als Tribut. Sie sollen 15 Meter lang und zwei Meter breit sein. Auch sie sind mit Schlingen am Rand versehen. Das sind also zusammen nochmals 330 Quadratmeter Tuch.
Nun gibt es bei Stoffbahnen mit an den Rändern angeordneten Schleifen und Haken verschiedene Möglichkeiten zum Zusammenknüpfen. Wenn Jahwe den Israeliten gesagt hat, die Stoffbahnen dienen zur Abdeckung des »Offenbarungszeltes«, so mag dies eine verständliche Finte Jahwes gewesen sein. Sollte er ihnen die Wahrheit sagen, daß bei einem Zusammenhaken der insgesamt 21 Stoffbahnen aneinander

Stoffbahnen als Tributzahlung der Israeliten

Jahwe forderte von seinem Volk hohe Tribute in Form von Gold, Silber, Kupfer und großen Stoffbahnen.

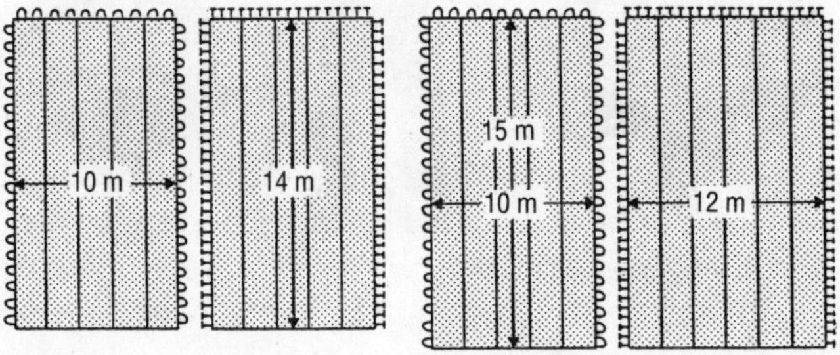

Zehn feingezwirnte Leinentücher mit 14 m Länge und 2 m Breite.

Elf Tücher aus Ziegenhaar mit 15 m Länge und je 2 m Breite.

Deren Abmessungen waren »genormt«.

Je nachdem, wie man die mit Haken und Ösen versehenen Stoffbahnen zusammenhakt, ergibt sich...

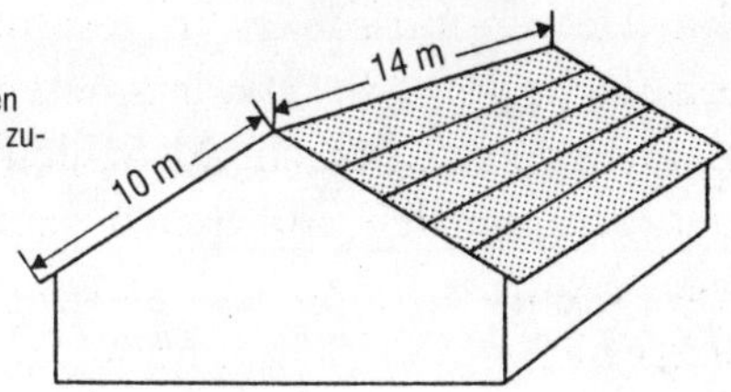

...das »Offenbarungszelt«

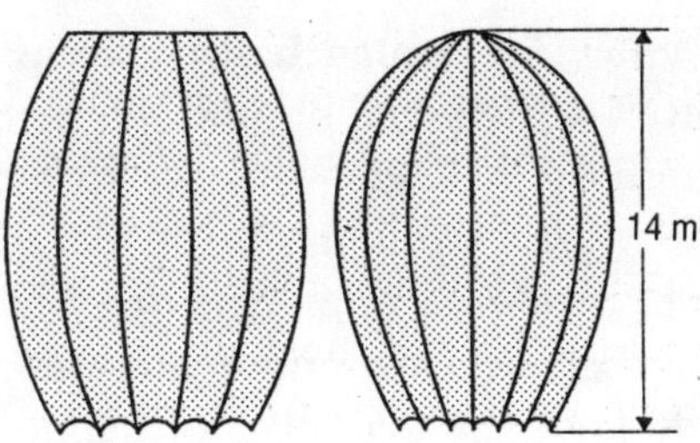

...oder ein Heißluftballon mit etwa 1800 cbm Volumen.

Bild 4: Große Stoffbahnen als Tribut für Jahwe. Was machte er damit?

Heutige Heißluftschiffe und -ballons

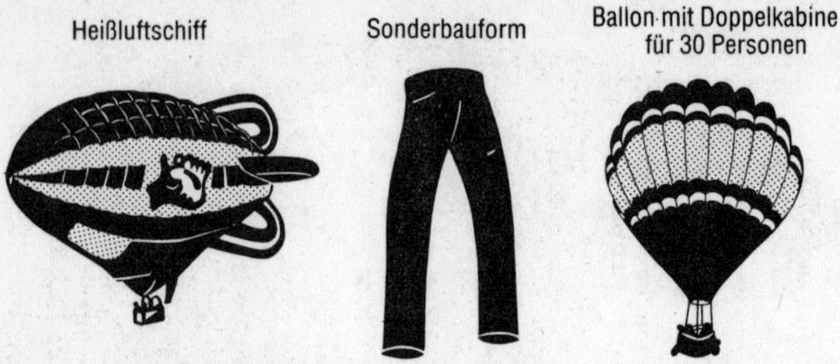

Standardgrößen

Modell	Internationale Klasse	Inhalt	Personen
0–31	AX 4	980	1
0–42	AX 5	1.190	2
0–56	AX 6	1.590	2
Vorzeitmodelle Israel-Heerschar Inhalt 1780 cbm ähnlich Modell 0–65, inclusive Cherubim zugelassen für 2 Personen.			
0–65	AX 7	1.840	3
0–77	AX 7	2.190	4
0–84	AX 8	2.380	4
A–105	AX 8	2.970	6
A–140	AX 9	3.970	8
Indien-Vimana Pyramiden-Ballon mit Bambusskelett. Inhalt 5400 cbm, Tragfähigkeit 11 Personen, inclusive Cherubim zugelassen für 8 Personen.			
A–375	AX 10	10.620	23

Bild 5: Heutzutage kann sich jedermann einen Heißluftballon oder ein Heißluftschiff per Katalog z. B. bei der englischen Firma »Cameron Balloons« kaufen. Die Zeichnungen demonstrieren die Vielfalt von Ausführungsformen. Das Heißluftschiff des Herrn Jahwe entspricht laut Tabelle der Internationalen Klasse AX 7.

zu einer Art Schlauch sich daraus ein Heißluftballon mit etwa 14 Meter Höhe und 42 Meter Umfang ergab? Das hätten die Israeliten so oder so nicht verstanden, und zudem wäre es unklug, wenn der Herr seinem untertanen Volk allzu freizügig seine der Machtausübung dienenden technischen Geheimnisse preisgibt. Der durch das Aneinanderknüpfen der 21 Stoffbahnen gebildete »Schlauch« läßt sich oben durch die vorhandenen Haken und Schlaufen dicht machen, und fertig ist ein Heißluftballon mit

Die nachts leuchtende »Wolke« beim Auszug der Israeliten aus Ägypten

Bild 6: Laut Altem Testament flog den aus Ägypten auswandernden Israeliten Jahwe tags in einer »Wolke« und nachts in einer »Feuersäule« voran, um den Weg zu beleuchten.

etwa 1800 Kubikmeter Luftinhalt. Für diese Volumenklasse nennen heutige Hersteller als Kennzeichen für die Modellklasse AX 7, Mod. 0–65 eine Tragfähigkeit von drei Personen. Das seinerzeit Jahwe zur Verfügung stehende feingezwirnte Leinen dürfte allerdings ein erheblich größeres Eigengewicht als heutige Nylon-Ballonstoffe gehabt haben. Aber im Gegensatz zu heutigen Ballons besaß Jahwe eine Maschine für den gezielten Vortrieb an Bord. Diese konnte mit Schwingflügeln zusätzlich auch einen

merklichen Auftrieb erzeugen. Darüber ist später Näheres auszusagen.
Zur Veranschaulichung der Bauweise von Jahwes Heißluftschiff schaue man sich die Bilder 4, 5 und 6 an. Heutige Heißluftballons werden aus Propangasflaschen aufgeheizt. Sie »schwimmen« als Sportgeräte in der Luft dorthin, wohin sie der Wind treibt. Jahwe hatte kein Propangas, sondern nur die an Opferaltären und in der inzwischen angebrochenen Eisenzeit von vielen Handwerkern benötigte Holzkohle als Energiequelle zur Verfügung. War diese nicht greifbar, so ging es auch mit Tierfett, Lampenöl oder Erdpech. Um vom Wind unabhängig im Schrittempo mit etwa vier bis fünf Kilometer pro Stunde der aus Ägypten ziehenden Karawane gezielt vorausfliegen zu können, mußte Jahwes Ballon einen eigenen Vortrieb haben. Das ging seinerzeit nur unter Einsatz dampfbetriebener Maschinen, also »Cherubim« oder »engines«.
Zur Zeit der Babylonischen Gefangenschaft wurde der Prophet Ezechiel mehrfach auf Flügen von Jahwe im Heißluftschiff mitgenommen. Ähnlich erging es dem Propheten Elija. Und in grauer Vorzeit muß dies auch mit Hennoch geschehen sein, der zu den Göttern im Himmel entschwand, um nirgendwo wiedergesehen zu werden.
Nachdem die Israeliten in Babylonischer Gefangenschaft saßen und zwischenzeitlich Jerusalem einschließlich der für Jahwe gebaute Tempel zerstört worden war, schien Jahwes Lebenswerk gleichermaßen am Ende zu sein. Er hatte das Bedürfnis, sein persönlich wohl kaum mehr verwertbares technisches Wissen der Menschheit weiterzugeben. Vielleicht wollte er auch damit einem in die Irre gelaufenen Glauben der Menschen an übermächtige Götter ein Ende bereiten, sie wieder zurück auf den Boden der Wirklichkeit holen. Er fand im Propheten Ezechiel einen für diese schwie-

rige Aufgabe moralisch und technisch besonders aufgeschlossenen Schriftgelehrten.
»Menschensohn, öffne deine Augen und Ohren, siehe und höre und achte auf alles, was ich dir zeige. Berichte alles, was du siehst, dem Hause Israel« (A. T. Ez 40,4). Das tat Ezechiel mit einer derart bewundernswerten Beobachtungsgabe, daß wir heute anhand seiner Berichte in der Lage sind, den durch Dampfmaschinen angetriebenen, in alle vier Himmelsrichtungen, zugleich auf- und abwärts steuerbaren Schwingflügelantrieb von Jahwes Heißluftschiff in etwa nachzuerfinden. Leider hat sich bisher niemand darum bemüht, weil dem Propheten Ezechiel von Glaubensfanatikern das diskriminierende Wort eines Visionärs – auf gut deutsch: eines technischen »Spinners« – angehängt wurde. Wie absurd! Jahwe in Kenntnis seiner technischen Überlegenheit gegenüber seiner Umwelt besteht darauf, daß sein Wissen der Nachwelt weitergegeben wird und somit der Menschheit erhalten bleibt, was auch durch Ezechiel geschah. Inzwischen sind über 2500 Jahre vergangen, und keiner scheint bisher begriffen zu haben, welcher genialen Technik sich seinerzeit Jahwe zur Entfaltung seiner Macht bediente.
Vergleichen wir Jahwes Heißluftschiff mit einem Flugzeug der Gegenwart! Letzteres funktioniert ähnlich wie Wasserskifahren. Ein leistungsstarkes Motorboot muß dafür sorgen, daß die im Schlepp befindlichen Skibretter auf der Wasseroberfläche gleiten. Beim Flug in der Luft sorgen starke Propellermotoren oder Düsenjets dafür, daß an der Unterseite der Flugzeugtragflächen ein größerer Luftdruck als an der Oberseite entsteht. Der Differenzdruck bewirkt, daß das Flugzeug, das schwerer als Luft ist, in ihr gleitet. Etwa nur 25 Prozent des Energieinhalts des Kraftstoffes werden zum Fliegen und zur Fortbewegung

in der Luft genutzt. Die übrigen 75 Prozent werden als Abwärme im Kondensstreifen in die Atmosphäre ausgestoßen.

Jahwe macht es mit seinem Heißluftschiff anders und energiesparender. Eine Art Feuerschürze leitet die Wärme am Verdampferkessel der »Cherubim« entlang. Dabei wird der zum Vortrieb von Schwingflügeln benötigte Dampf erzeugt. Die verbleibende Restwärme der heißen Rauchgase, etwa 60–70 Prozent der verbrannten Holzkohle oder anderer Brennstoffe, dienen zur Aufheizung des Ballons, der daraufhin in der kälteren und schwereren Umgebungsluft nach oben »schwimmt«. Die Energieausnutzung des Kraftstoffes von Jahwes Heißluftschiff war etwa doppelt so groß wie die heutiger Flugzeuge. Weiterer Vorteil war, daß das Heißluftschiff überall starten und landen konnte, auch sehr langsam und gefahrlos dicht über dem Erdboden schweben und nicht wie ein Flugzeug, das schwerer als Luft ist, schlagartig abstürzen konnte.

Was Jahwe seinerzeit mit diesem, seinem persönlichen Machtmittel vorgelebt hat, ist völlig konträr zur heutigen Praxis im Umgang mit der Technik. Als er den Israeliten die ihm aus der Frühzeit bekannten »Zehn Gebote« am Berg Sinai beibringen wollte, heizte er der Maschine seines Heißluftschiffes derart ein, daß es nur so dampfte und qualmte und die Schwingflügel den Lärm himmlischen Donnerns verbreiteten, um sich damit Respekt vor den immer wieder leb- und seelenlose goldene Kälber anbetenden Israeliten zu verschaffen.

Nicht nur, daß Jahwe den Glauben an einen einzigen Gott lehrte und jahrtausendealte Erfahrungen und Regeln über bestmögliche Formen des Zusammenlebens von Menschen durchzusetzen versuchte, ist das Bewundernswerte an ihm. Er war vermutlich einer der ganz wenigen in der Mensch-

heitsgeschichte, der eine überlegene Technik zur positiven Einflußnahme auf die Menschen nutzte.
Wenn wir den Mut haben, im Alten Testament »Cherubim« mit »engines« und »Wolkensäule« mit »Ballon« zu übersetzen, so lüftet sich über bisher Rätselhaftem ein Schleier. Dennoch verbleiben Ungereimtheiten. Bis zur Begegnung von Abraham und Jahwe, die man im Jahre 1900 v. Chr. datiert, wird in der Bibel ziemlich allgemein von den Herren der Schöpfung und einer Vielzahl von Göttern gesprochen. In jener Frühzeit – und auch später noch, als sich die Göttersöhne mit Menschentöchtern eingelassen hatten – soll es auf der Erde noch »Riesen« gegeben haben. Den Urzeitgöttern sagt man nach, und zwar nicht nur in der Bibel, sondern auch in mesopotanischen Überlieferungen, daß sie viele hundert Jahre alt wurden. Gilt dies auch noch für Jahwe? Der Prophet Ezechiel scheint der letzte gewesen zu sein, der uns von einer Begegnung mit »Gott, dem Herrn« berichtet. Danach müßte Jahwe über 1500 Jahre alt geworden sein. Das scheint uns modernen Menschen kaum glaubhaft.
Wir wissen, daß Jahwe bei seinem Besuch Abrahams und beim Auszug aus Ägypten niemals allein war. Er hatte stets Mitarbeiter seiner »himmlischen Heerschar« um sich. Darüber heißt es unter anderem im Alten Testament unter Genesis 32,2: »Und Jakob sprach, so wie er es sah: ›Das ist ein Heerlager Gottes‹.« Beim persönlichen Zusammentreffen Jakobs mit Jahwe – es muß um 1600 v. Chr. gewesen sein – kam es zwischen beiden zum Zweikampf, wobei Jakob die Hüfte ausgerenkt wurde. So etwas ist verwunderlich für einen Gott. Bei der Eroberung Jerichos waren ganz eindeutig Krieger aus der Gefolgschaft Jahwes im Einsatz. Es muß somit eine Art göttlicher Dynastie mit reichem Gefolge gegeben haben. Ob es dabei wie in anderen Herr-

scherhäusern üblich war, daß im Falle des Todes zwangsläufig ein Sohn oder naher Verwandter die Nachfolge als Herrscher antrat, wissen wir nicht. Im Alten Testament finden sich keine Beschreibungen, wie der Herr und Gott Jahwe zur Zeit Abrahams und später der des Ezechiels ausgesehen hat. Bislang wissen wir immer noch nicht, wie die Cherubim, die für die Heißluftschiffe zum Vortrieb in einer gewünschten Richtung Arbeitsleistung erbringen mußten, aufgebaut waren und funktionierten. Zwar gibt Ezechiel einige verwertbare Hinweise, aber sie reichen für eine überzeugende technische Analyse nicht aus. Von den früheren hervorragenden Bibliotheken des Vorderen Orients und von Alexandria in Ägypten ist nichts Verwertbares übrig geblieben. Sie wurden bei den Kriegen um die Zeitenwende niedergebrannt. Manch interessantes Material über die Technik in unserer Vorzeit scheinen unsere Mönche im frühen Mittelalter noch gekannt zu haben. Dafür gibt es Hinweise. Doch je mehr die Päpste in Rom ihre Macht vervollkommnen konnten, um so mehr gerieten diese »ketzerischen alten Bücher« auf den Scheiterhaufen. Vielleicht finden sich noch einige von ihnen in Geheimfächern der Vatikan-Bibliothek. Man müßte einmal fragen, ob man heute an solche Bücher herankommt.
Der Unfug der Bücherverbrennungen – die letzte fand bei uns unter Hitler vor knapp 60 Jahren statt – ist schuld, daß so viele Dokumente aus unserer Vorzeit verloren gingen. Dies betrifft vornehmlich unser »christliches Abendland«. In dieser Erkenntnis setzte ich meine Hoffnung darauf, weiterführende Dokumente über die seinerzeitige Bauweise der Cherubim im außereuropäischen Raum, in Indien oder Südamerika zu finden. Diese Hoffnung wurde nicht enttäuscht, wie später ausführlich dargestellt wird.

5

Eine Tankstelle vor König Salomos Tempel

Das vorangegangene Kapitel behandelte die Zeit des Auszugs der Israeliten aus Ägypten und deren langen Marsch ins Land, in dem »Milch und Honig floß«. Die Historiker datieren den Exodus auf die Zeit um 1250 v. Chr. Ramses II. regierte in Ägypten. Eisen begann in der Technik zunehmend Bronze zu verdrängen. Eisenerze waren weit häufiger als Kupfer und Zinn für Bronze. Aus Eisen ließen sich weit billigere und zudem härtere Geräte als aus Bronze herstellen.

Um 1200 v. Chr. wurden die Israeliten in Palästina seßhaft. Sie wählten sogenannte Richter als ihre Volksführer. Ab 1020 v. Chr. übernahmen deren Rolle Könige, zunächst Saul, dann David und schließlich von 961–931 v. Chr. der weise König Salomo. Er baute in Jerusalem einen großen Tempel für seinen Herrn und Gott. Die Regierungszeit Salomos war eine der glücklichsten für die Israeliten. Das hatte etwas mit dem sehr guten Einvernehmen zwischen dem Herrn über Israel und dessen König Salomo zu tun. Das gilt aber nur für die ersten Jahrzehnte. Später trübte sich das Vertrauensverhältnis zwischen beiden.

Salomo herrschte über alle Reiche vom Euphrat bis zum Land der Philister und bis an die Grenze Ägyptens. Sein Name war ringsum bei allen Völkern bekannt. Er nahm sich eine Tochter des Pharao als erste Frau und brachte sie nach Jerusalem. Er kannte die Kultur und die Bauwerke Ägyptens.

Im vierten Jahr der Regierung Salomos über Israel ließ er den Bau des Tempels für seinen Herrn und Gott beginnen. Das Projekt, einen Tempel zu bauen, hatte bereits Salomos Vater David aufgegriffen. Doch der Herr achtete ihn hierfür nicht als würdig. David hatte den Ärger des Herrn erregt, weil er den Hetiter Urija erschlagen und sich dessen Frau genommen hatte. Das Hetiterreich war in der Zeit von 1750–1200 v. Chr. eine der vollkommensten Demokratien unter der Führung von Regional-Göttern. Am Stammsitz der Hetiter, in Anatolien, gab es die frühesten Hüttenwerke zur Herstellung technischer Geräte auf unserer Erde. Über die Regionalgötter der Hetiter geben große Steinreliefs auf den Felswänden unweit der Hetiter-Hauptstadt Hattusa heute noch Auskunft. Ich schaute sie mir vor einigen Jahren an und war stark beeindruckt. Es ist zu vermuten, daß sich im Hetiterreich eine Art Zentrale und technische Versorgungsbasis der Regionalgötter des Vorderen Orients und des westlichen Mittelmeerraums befand. Dann konnte es dem Herrn über Israel nicht gleichgültig sein, daß König David den Hetiter Urija erschlagen und sich dessen Weib genommen hatte. So verkündigte er dem David. »Wenn Du, David, eines Tages tot bist, werde ich Deinen leiblichen Sohn als Nachfolger einsetzen und seinem Königtum Bestand verleihen. Ich will für ihn Vater sein, und er wird für mich Sohn sein. Er soll auch meinen Tempel bauen.«
Ähnlich wie bei den Zeltplanen für Jahwes Heißluftschiff übermittelt uns das Alte Testament konkrete Maße für den Tempel und zugehöriges technisches Gerät im Vorhof des Tempels. Der Hauptraum aus Stein vom »Haus des Herrn« war 30 Meter lang, zehn Meter breit und 15 Meter hoch. Ähnlich war der Vorraum bemessen, aber in Längsrichtung nur zehn Meter lang. Der Hauptraum und somit das Heiligtum des Herrn wurde mit goldverbrämtem Zedernholz

ausgekleidet, so daß eine Wohnung mit jeweils zehn Meter Länge, Breite und Höhe verblieb. Das sind nach unseren Erfahrungen mit griechischen und römischen Tempelbauten recht bescheidene Abmessungen.
In der Gotteswohnung wurden zwei Cherubim aufgestellt. Sie waren fünf Meter hoch und hatten oben je zwei Flügel mit je 2,5 Meter Spannweite. An allen Wänden des Raumes waren Cherubim, Palmen und Blütenranken eingeschnitzt. Hier dürfte es sich nicht um funktionierende Cherubim oder »engines«, sondern um schematische oder symbolische Abbildungen gehandelt haben. Bemerkenswert ist aber die Tatsache, daß man das Zimmer des Herrn mit Darstellungen der Cherubim schmückte und daß sich an diesen Schwingflügel mit 2,5 Meter Länge befanden. Man kannte also zu Salomos Zeit die wesentlichen Merkmale der Technik, deren sich der Herr Israels bei seiner Machtausübung bediente.
Vor dem Tempel ließ Salomo eine Vielfalt technischer Geräte installieren (A. T. 1 Kön 7,13–51). Zu deren Anfertigung brauchte er die Hilfe des gestandenen Bronzeschmieds Hiram aus Tyrus. Dieser scheint über einen großen Mitarbeiterstab an »Ingenieuren« und Handwerkern verfügt zu haben. Auch vom Schiffbau verstand er etwas. Vermutlich gab es in Tyrus am Mittelmeer ein regelrechtes Technologiezentrum mit vielfältigen Einrichtungen zur Metallverarbeitung.
Das größte Teil vor dem Tempel war ein als Bronzeguß ausgeführter riesiger Wasserbehälter, im Alten Testament das »Meer« genannt. Es hatte fünf Meter Durchmesser, war 2,5 Meter hoch und konnte etwa 45 Kubikmeter Wasser fassen. Die Wand des Bronzegefäßes war eine Handbreit dick. Es muß über 50 Tonnen gewogen haben und dürfte ähnlich wie eine große Bronze-Kirchenglocke hergestellt

Gerätschaften vor König Salomos Tempel

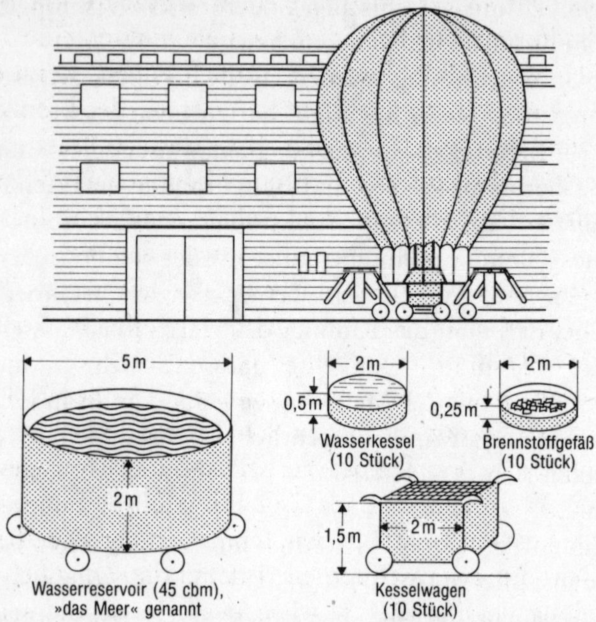

Bild 7: Die große Wassertankstelle vor König Salomos Tempel um 950 v. Chr. Das Bild zeigt die verschiedenen Gerätschaften in aufgelockerter Form. In Wirklichkeit muß es ziemlich eng an dieser Tankstelle zugegangen sein – möglicherweise ein Grund –, warum Jahwes Heißluftschiff nur einmal zur Eröffnungsfeier erschien und später nicht wieder.

worden sein. Es ist kaum glaubhaft, welche riesigen Bronzegefäße man bereits vor etwa 3000 Jahren fertigen konnte. Hiram ließ von seinen Leuten ferner zehn fahrbare Gestelle aus Bronze herstellen. Jedes Gestell war zwei Meter lang, zwei Meter breit und 1,5 Meter hoch. Sie hatten Querleisten zwischen den Eckstäben und je vier bronzene Räder mit 0,75 Meter Durchmesser. Auf dem Gestell ließ sich ein kreisrunder Aufsatz mit Leisten und Halterungen und 25 Zentimeter Höhe setzen. Zusätzlich gab es zehn Kessel mit

zwei Meter Durchmesser und 1,6 Kubikmeter Fassungsvermögen für Wasser. Aufgetankt wurden diese Kessel vermutlich aus dem »Meer«. Es hatte einen Vorrat für knapp 30 Kesselladungen. Die fahrbaren Gestelle mußten eine Tragfähigkeit von mindestens zwei Tonnen haben, wenn man vom Gewicht des transportierten Wassers, der bronzenen Kessel und der Gestelle ausgeht. Jedes der vier Bronzeräder mußte etwa die doppelte Last eines heutigen PKW-Rades verkraften. Das sind ganz beachtliche technische Leistungen für eine etwa 3000 Jahre zurückliegende Zeit!
Zusätzlich fertigten die Mitarbeiter des Hiram aus Tyrus eine größere Zahl von Schaufeln, Töpfen und Schalen. Wozu wurde dies alles vor einem Tempel gebraucht?
Zur Veranschaulichung betrachte man die Bilder 7, 8 und 9. Im Alten Testament (1 Kön 8,1–13) wird über die Einweihung des neuen Tempels berichtet. Zunächst trugen die Priester die bislang nur im Zelt mitgeführte Bundeslade und alle heiligen Geräte in den Tempel. In der Lade befanden sich die zwei steinernen Tafeln, die anläßlich der Schließung des Bundes zwischen dem Herrn und seinem Volk Israel in sie hineingelegt worden waren. Als die Priester hernach aus dem Zimmer des Herrn, dem Heiligtum, nach draußen gingen, vermochten sie nicht ihren Amtsdienst zu verrichten. Die große »Wolke« des Herrn erfüllte den Vorhof des Tempels. Ausgehend von den uns bekannten relativ kleinen Abmessungen dieses Vorhofes wird verständlich, daß die »Wolke« des Herrn mit etwa 14 Meter Höhe und 42 Meter Umfang den Vorhof so vollständig ausfüllte, daß den Priestern kaum noch Bewegungsmöglichkeiten blieben. Salomo fragt sich angesichts dieses Ereignisses: »Wohnt denn Gott wirklich auf der Erde?« (A. T. 1 Kön 8,27).
Wir würden heute noch etwas präziser fragen: War dieser

Gott ein Mensch unserer Erde oder, wie es einige meinen, ein Außerirdischer von einem fernen Gestirn oder ein nur mit dem Glauben verständliches überirdisches Wesen, das die Theologen unseren Herrgott nennen? Die Schilderungen des Alten Testaments sind so sachlich und nüchtern, daß übertriebene Phantasie kaum angebracht erscheint. Der Herr und Gott Israels war ganz einfach ein Mensch unserer Erde. Er war seinen Mitmenschen durch sein Wissen und geschickten Umgang mit seinen Machtmitteln, die damaligen Mitmenschen nicht begreifbar waren, haushoch überlegen. Wer konnte sich schon erklären, wie die »Wolke«, die auf dem Tempelvorplatz mit dem Herrn herniederschwebte, in Wirklichkeit funktionierte?

Aber vermutlich gab es auch ausreichend Wissende um diese Technik. Es waren diejenigen, die die Geräte für die »Götter« bauten. Ein solcher dürfte Hiram aus Tyrus gewesen sein. Er war es auch, der seine als Seefahrer geübten Leute aus dem Volk der Phönizier anwies, mit den von Salomo in Auftrag gegebenen Hochseeschiffen nach Ofir zu fahren, um von dort Gold und Silber zu holen. Es wurde bereits im Kapitel über die Arche Noahs auf die enorme Größe der von den Phöniziern eingesetzten Tarschisch-Schiffe hingewiesen. Vermutlich waren es Dampfschiffe, und das Land Ofir lag in Südamerika.

Daß Salomo weltweite Kontakte unterhielt, beweist auch die Überlieferung im Alten Testament über den Besuch der Königin von Saba bei ihm. Das Alte Testament berichtet nichts darüber, ob sie zu Fuß, per Wagen oder zu Pferd den langen Weg von der Südspitze Arabiens bis nach Jerusalem zurücklegte. Erich von Däniken fand Hinweise, daß sie geflogen ist und auch Salomo sich des Fliegens bediente. Das ist nicht auszuschließen, denn das Fliegen war zu Salomos Zeit längst nicht mehr das alleinige Privileg von

Göttern, sondern auch von Königen, die ja inzwischen oft viel reicher waren als die bisherigen Regionalgötter.
Man flog mit der »Wolke«, also einem Heißluftschiff, das mit Cherubim und Schwingflügeln auf dem gewünschten Kurs gehalten wurde. Die Cherubim oder »engines« arbeiteten genauso wie die ältesten Arbeitsmaschinen unserer heutigen Technik mit Dampf. Dieser wurde aus Wasser erzeugt. Ähnlich wie bei früheren Dampflokomotiven mußte zum Betrieb häufiger Wasser als Kohle nachgetankt werden. Dazu standen an unseren Eisenbahnlinien an jeder größeren Station Wassertürme. Ähnlich war die gesicherte Versorgung der Heißluftschiffe mit Wasser in der Vorzeit die wichtigste Voraussetzung, um längere Flugstrecken zurücklegen zu können.
Was im Vorraum von Salomos Tempel an technischem Gerät durch Hiram aus Tyrus installiert worden war, ist aus heutiger Sicht als eine Wasser-Großtankstelle für die Luftflotte der »himmlischen Heerscharen« des Gottes der Israeliten zu bezeichnen. Das »Meer« als riesiger Vorratsbehälter für etwa 45 Kubikmeter Wasser hatte dieselbe Funktion wie die früheren Wassertürme an unseren dampfbetriebenen Eisenbahnstrecken. Die fahrbaren Gestelle mit aufsetzbaren Kesseln für maximal 1,6 Kubikmeter Wasser dienten zum Nachtanken der Frischwasserbehälter der Cherubdampfmaschinen auf den Heißluftschiffen. Selbstredend mußte auch brennbarer Kraftstoff nachgetankt werden. Da wir uns zu Salomos Zeit bereits in der Eisenzeit mit großem Bedarf an Holzkohle zum Verhütten von Eisenerzen befinden, wird vermutlich damals auch Holzkohle als Kraftstoff zum Betrieb von Heißluftschiffen gedient haben.
Ähnlich wie bei unseren alten Dampflokomotiven brauchten Heißluftschiffe spezielle Anlagen zur Beschickung mit Kohle und zur Entfernung von Verbrennungsrückständen

Der alttestamentarische Hörneraltar

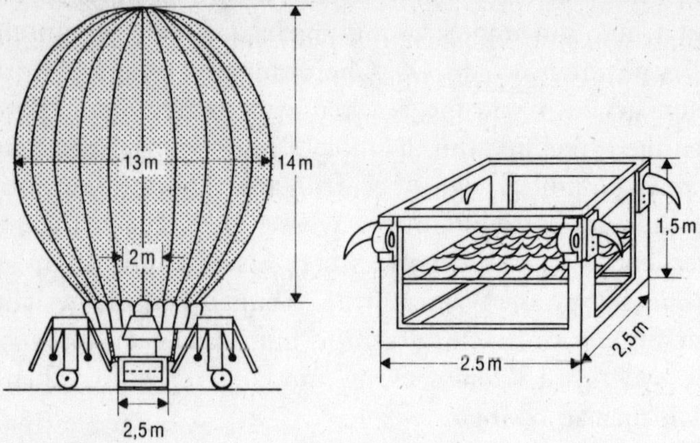

Bild 8: Der als Maßarbeit von Jahwe bei Moses in Auftrag gegebene »Hörneraltar« diente zum Vertauen des Heißluftschiffes an den Hörnern, zur Entfernung von Fett-Asche oder anderen Brennstoffrückständen und zum Beschicken mit neuem Brennstoff.

wie Asche und Schlacken. Auch hierfür gibt es im Alten Testament konkrete technische Beschreibungen und Maßangaben. Sie wurden bereits um 1250 v. Chr. dem Moses übermittelt (A. T. Ex 27,1–8). Dort nennt Jahwe die Maße und Bauweise für einen zu errichtenden »Altar«. 2,5 Meter lang und breit, also quadratisch und 1,5 Meter hoch soll er sein, also genauso hoch wie die fahrbaren Gestelle vor Salomos Tempel, doch dafür einen halben Meter breiter. Auf diesen »Altar« konnte man leicht die Kessel und Gefäße mit zwei Meter Durchmesser vom fahrbaren Gestell überwechseln. Ferner verlangte Jahwe die Herstellung von Gefäßen für Fett-Asche, Schaufeln, Gabeln, Schalen, Feuerpfannen aus Kupfer und eines Gitternetzes mit vier Kupferringen an seinen vier Enden zwecks Einhängen in Altarmitte. An den

Ecken des »Altars« waren vier mit Kupfer überzogene stabile Hörner anzuordnen. Damit der »Altar« bei den Wanderungen aus Ägypten getragen werden konnte, steckten an beiden Seiten von ihm lange Stangen in Ringen. Jahwe erinnerte Moses an die gemeinsame persönliche Begegnung auf dem Berg Sinai, auf dem Jahwe mit seiner »Wolke« gelandet war und durch Lärm und Rauch seines mit Volldampf arbeitenden Cherubs den unten vorm Berg hockenden Israeliten Respekt einzuflößen versuchte. Moses soll alles so machen, wie er es persönlich auf dem Berg Sinai gesehen hat.
Ergänzend zum Kapitel »Das Heißluftschiff des Herrn Jahwe« sei darauf hingewiesen, daß Jahwe zusätzlich zum Altarbau noch andere große Mengen an feingezwirntem Stoff als Tribut vom Volk Israel verlangte. Wir hatten im vorbenannten Kapitel ausgerechnet, daß etwa 610 Quadratmeter Zeltbahn für ein kleineres Heißluftschiff für zwei bis drei Personen ausreichten. Zusätzlich forderte aber Jahwe für den sogenannten Hof des Offenbarungszeltes weiteres Leinen mit 50 Meter Länge und 25 Meter Breite, also insgesamt 1250 Quadratmeter. Ferner sollten Verstrebungen und Säulen bereitgestellt werden, siehe im Alten Testament, Exodus 27,19–20. Dann ist von drei Füßen und drei Säulen die Rede. Bei entsprechend richtiger Anordnung ließ sich hieraus ein sehr großes Heißluftschiff in der Form einer Pyramide mit dreieckigem Grundriß bauen. Wir begegnen solchen großen Heißluftschiffen später als »Vimanas« des Alten Indien. Woher kannte Jahwe um 1250 v. Chr. die Heißluftflugtechnik Indiens? Oder hatten die Inder diese erst aus dem Vorderen Orient übernommen? Viele offene Fragen und zu wenig befriedigende Antworten. Indessen uns technisch sehr vernünftige Abmessungen der für Heißluftschiffe benötigten Stoffbahnen über drei Jahrtausende hinweg übermittelt wurden, sind die Angaben, wie

die Bahnen zusammenzuhaken sind, damit sich entweder ein sackartiges kleines Heißluftschiff oder ein großes Pyramidenschiff ergibt, ziemlich wirr. Aber vermutlich würde auch ein moderner, in Technik versierter heutiger Mensch Probleme haben, wenn er das Zusammenknüpfen von Stoffbahnen schriftlich festhalten sollte. Dazu braucht es ein ausgeprägtes räumliches Vorstellungsvermögen, das nur wenige Menschen besitzen. Zudem fehlten den Schriftgelehrten des alten Israels die richtigen Worte zur Beschreibung komplizierterer technischer Gebilde, siehe den Gebrauch des Wortes »Wolke«, weil sie unseren heutigen Begriff »Ballon« nicht kennen konnten.

Kehren wir zur Beschreibung des bereits Moses vom Berg Sinai bekannten Hörneraltars zurück! Die vier seitlichen Hörner hatten dieselbe Funktion wie die Poller in einem Hafen, an denen Schiffe vertaut werden. An den Hörnern des »Altars« wurden gelandete Heißluftschiffe festgebunden, siehe hierzu Bild 8. Dann galt es, die Ascherückstände aus der Brennkammer der Dampfmaschinenanlage zu entfernen. Zur Zeit Moses flog Jahwe vermutlich mit Tierfett, denn er verlangte Schaufeln, Gefäße und so weiter zur Entsorgung von Fett-Asche. Dieser Kraftstoff hatte vermutlich den Nachteil, daß er bei der Verbrennung ziemlich stank. Daher stellte Jahwe gemäß Altem Testament (Ex 27,20) an Moses die Forderung, er solle dafür sorgen, daß die Israeliten künftig reines Öl aus gestoßenen Oliven liefern, damit »immer Licht brennt« – oder es niemals an Kraftstoff zum Betrieb seines Heißluftschiffes mangelte. Schließlich brannte dann nachts auch ein Licht in der »Wolke«, in der Ballonhülle, das den Israeliten den Weg durch die Finsternis bei ihrem Exodus wies.

Zur Zeit König Salomos wird man vermutlich anstelle von Tierfett und Olivenöl bereits als Kraftstoff Holzkohle ver-

wendet haben. Jedenfalls spricht der Prophet Ezechiel etwa 400 Jahre nach Salomo ganz konkret von Holzkohle als Brennstoff.
Ich habe unter Verwertung von in der Technik bekannten Heizwerten und Wirkungsgraden sehr einfacher Dampfmaschinen abzuschätzen versucht, was man in etwa mit einer Ladung voll Holzkohle in einem Gefäß mit zwei Meter Durchmesser anfangen konnte. Aller Wahrscheinlichkeit nach handelt es sich bei den runden Aufsätzen auf die fahrbaren Gestelle um leicht transportierbare Holzkohlebehälter und bei den darüber im Cherub hängenden Kesseln um »Dampfkessel«. Wird der etwa 25 Zentimeter hohe Gestellaufsatz zehn Zentimeter hoch mit etwa 125 Kilogramm Holzkohle als Kraftstoff gefüllt, so stand ein Energieinhalt von etwa 1000 Kilowattstunden entsprechend etwa einer Autotankfüllung mit 100 Liter Benzin zur Verfügung. Ein Großteil der Wärmeenergie glühender und bei entsprechendem Schüren lodernder Holzkohle wurde zur Erzeugung der heißen Luft in Jahwes Ballon benötigt. Zusätzlich wurde in dem über dem Holzkohlefeuer befindlichen Wasserkessel Dampf erzeugt. Bei derart einfach aufgebauten Kesselanlagen liegt die spezifische Leistung bei etwa 15 kg/m^2h in Dampf umsetzbarem Wasser. Bei einer Kesselbodenfläche von 3,1 Quadratmeter entsprechend zwei Meter Durchmesser würden 45 Kilogramm Dampf pro Stunde erzeugt. Falls dabei drei atü Überdruck bei 140 °C im Kessel erreicht wurden, stand ein Brutto-Dampfleistungsvermögen von 0,96 kWh/kg mal 45 kg/h = 44 Kilowatt zur Verfügung. Daraus lassen sich mit relativ einfachen Dampfmaschinen größenordnungsmäßig etwa zehn Kilowatt oder 14 PS mechanische Leistung erzeugen. Aus Gewichtsgründen dürfte es kaum möglich gewesen sein, mehr als 200 Liter Wasser an Bord des Heißluftschiffes zu nehmen. Nach spätestens fünf

Stunden Vollast-Zielflug mußte folglich Jahwes Heißluftschiff Wasser nachtanken. Doch beim Voranfliegen Jahwes beim Exodus vor den Israeliten arbeiteten die zur Kurskorrektur notwendigen Schwingflügelantriebe bei Fußgängergeschwindigkeit nur mit geringer Leistung. Die meiste erzeugte Wärme wurde als Nachschub von Heißluft gebraucht, damit der Ballon über dem Boden schwebte.

Zwecks Tränken des mitgeführten Viehs war beim Exodus der bevorzugte Rastort ein Brunnen oder eine Wasserstelle. Bei dieser Gelegenheit wurde sicher auch Jahwes Heißluftschiff, festgezurrt an den Hörnern des von den Trägern abgesetzten »Altars«, mit Kesselwasser versorgt. Authentische Berichte hierüber fand ich allerdings nicht im Alten Testament. Vermutlich war es den Chronisten zu absurd, niederzuschreiben, daß die den Israeliten voranschwebende »Wolkensäule« Wasser nachtanken mußte.

Im Alten Testament wird unter 1 Kön 11,1–8 berichtet, daß es mit zunehmendem Alter König Salomos zum Vertrauensbruch zu seinem Gott und Herrn kam. Er hielt sich 700 fürstliche und 300 Nebenfrauen. Diese verführten ihn zur Verehrung anderer Götter als den Gott Israels. Er wiederum geriet in Zorn über Salomo. Doch es kam nicht zur unmittelbaren Rache, wie bei früheren Gelegenheiten, an ihm. Nach 40 Jahren als König Israels entschlief Salomo sanft und wurde in der Stadt seines Vaters David begraben.

War der Gott Israels seinerzeit zu schwach, um Salomo wegen seiner Verfehlungen zur Rechenschaft ziehen zu können? Vermutlich ja! Es war eine andere Zeit angebrochen, welche die Regionalgötter in Bedrängnis brachte. König Salomo wie auch die Königin von Saba waren unermeßlich reich. Sie konnten sich alles leisten und kaufen, was es auf dem Markt gab, und auch weit mehr Geld dafür bezahlen, als es den »Göttern« mit ihren begrenzten Tributeinnahmen noch möglich war. Vermutlich war es Hiram aus Tyrus als Freund und Baumeister König Salomos ein leichtes, ihm ein Heißluftschiff auf dem Markt zu beschaffen oder gar in seinen Werkstätten selbst zu bauen. Er kannte ja die Technik und alle zugehörigen Maße. Zudem gehörten Heißluftschiffe in den Händen von Königen bereits Jahrhunderte vor König Salomo zum allgemeinen Stand im Mittelmeerraum und Vorderen Orient. So besaßen die Minoerkönige auf Kreta zwischen etwa 2600–2000 v. Chr. ein Kampf-Heißluftschiff, das ständig die Insel Kreta umkreiste und auf See nahende mögliche Feinde aus der Luft bekämpfte. Als später ein den Kretern bös gesinnter Mensch das zum Betrieb des Heißluftschiffes dringend benötigte Schmieröl ablaufen ließ und den Einlaßstutzen demolierte, war es mit dieser Verteidigung der Insel Kreta

Antike Kesselwagen

Bild 9: Kesselwagen für das Betanken von Heißluftschiffen gab es seinerzeit nicht nur bei König Salomo, sondern auch andernorts. Links eine Rekonstruktion von König Salomos Kesselwagen, rechts eines Kesselwagens aus Zypern.

Rollsiegel aus dem Vorderen Orient

Bild 10: Auch die Götter Mesopotamiens konnten fliegen. Rollsiegel aus der Zeit um 2000 v. Chr.

leider vorbei. Offensichtlich fand sich kein Techniker mehr, der eine Reparatur ausführen konnte.
Auf Bild 9 ist der nachempfundene Kesselwagen vor Salomos Tempel dem einer Darstellung des Kesselwagens von Larnaka auf Zypern gegenübergestellt. Es soll an mehreren anderen Orten des Mittelmeerraumes Hinweise auf solche Kesselwagen geben. Daß auch die Götter des alten Sumers fliegen konnten, zeigen Rollsiegelabdrucke gemäß Bild 10. Es gibt derart viele Berichte über die fliegenden Götter

Götter, auch den, daß sich Gott Zeus schrecklich über die mißratenen, fliegenden Geschöpfe der Bronzezeit geärgert hat, daß es zu weit führen würde, alle diese Überlieferungen hier zu zitieren. Zu Salomos Zeit, also vor knapp 3000 Jahren, war das Fliegen längst kein Privileg der Götter mehr, sondern lediglich eine Frage des Reichtums des jeweiligen Herrschers. Angesichts dieser weltweiten, rein materiellen Konkurrenz war die Rolle der ursprünglichen Götter, als angebeteter Regionalgott einem Volk vorzustehen, ihm Moral beizubringen und bei kriegerischen Auseinandersetzungen ihm durch technische Überlegenheit zu helfen, historisch überlebt. Wer als Nachwuchs ursprünglicher Regionalgötter noch solche Ambitionen hatte, stand im Mittelmeer und Vorderen Orient auf verlorenem Posten. Es verblieb allein das Auswandern auf einen anderen Kontinent. Daß es solche gab, wußte man unter anderem von den weiten Reisen der Tarschisch-Schiffe. Sie waren bis zu drei Jahre unterwegs, bis sie bei ihrer Fahrt zum Land Ofir mit Gold- und Silberschätzen heimkehrten. Ist es vorstellbar, daß um die Zeit König Salomos herum Wissende über die Technik der Cherubim und der Heißluftflugtechnik zum Beispiel nach Südamerika gelangen konnten, um dort erneut die Rolle von Göttern über einfache, auf dem Gebiet der Technik unterentwickelte Völker zu übernehmen? Das ist nicht nur vorstellbar, sondern es gibt hierfür eindeutige Beweise.

6

Von Ezechiel bis zum Alten Indien

Der alttestamentarische Prophet Ezechiel wurde bereits mehrfach zitiert. Inzwischen gibt es dicke Bücher, in denen versucht wird, die technischen Beschreibungen des Ezechiel modern zu deuten. Wenn dabei ein ehemaliger NASA-Ingenieur zur Ansicht gelangt, das von Ezechiel beschriebene Fluggerät sei ein Produkt von Außerirdischen gewesen, die per Raumschiff uns besuchten, so ist ihm nach meiner Meinung die Phantasie in der falschen Richtung durchgegangen. Es ist alles viel einfacher und mit hausgemachter irdischer Technik erklärbar.

Wir kennen aus den alttestamentarischen Berichten aus der Zeit des Moses und Salomos viele, mit unserem technischen Wissen im Einklang stehende Einzelheiten über die seinerzeit bei Regionalgöttern und später von reichen Königen eingesetzten Heißluftschiffe. Völlig eindeutig wird ferner beschrieben, daß anstelle unserer heutigen Propeller oder Düsenjets seinerzeit mit Schwingflügeln gearbeitet wurde. Wozu uns nunmehr Ezechiel in einem Bericht aus der Zeit des Babylonischen Exils um 580 v. Chr. weitere Einzelheiten zu liefern vermag, sind zum Beispiel Einblicke in die Mechanik, mit der die Schwingflügel von den Cherubim-Dampfmaschinen bewegt wurden.

Die erste Begegnung Ezechiels mit einem der Flugschiffe aus dem Kreis der »Himmlischen Heerscharen« erfolgte (laut A. T. Ez 1,1–3) im Jahre 592 v. Chr. am Euphratkanal

zwischen Babylon und Nippur. Ob der Herr, der ihn seinerzeit zu seinem Propheten berief, Jahwe selbst oder einer seiner Nachfolger war, konnte Ezechiel nicht beurteilen. Es gab keinerlei Bilder und Beschreibungen von Jahwe, weil so etwas seitens der Propheten und Schriftgelehrten streng verboten war.
Das Fluggerät näherte sich dem Ezechiel mit großem Lärm in Form einer Wolke mit flackerndem Feuer, umgeben mit einem hellen Schein. Ezechiel erkannte vier »Lebewesen«, also sich bewegende Teile einer Maschine, die er selbst später Cherub nannte. Diese Wesen sahen ähnlich wie Menschen aus und glänzten wie blinkende Bronze. Sie hatten paarweise nach oben ausgespannte Flügel. Je zwei berührten einander und je zwei hingen nach unten. Zwischen den Cherubim war etwas ähnliches wie glühende Kohle zu sehen. Das Feuer gab einen hellen Schein. Neben jedem Cherub war ein Rad, das bei Bewegung in die jeweilige eingeschlagene Richtung einschwenkte. Die Felgen waren aus Blech genietet, wobei die Nieten ähnlich Augen aussahen.
Oberhalb der Cherubim war eine Art gehämmerte Platte. Die ausgebreiteten Flügel waren unter ihr angeordnet. Wenn die Flügel sich bewegten und nicht bei Stillstand nach unten hingen, war ein tosendes Rauschen zu hören. Oberhalb der Platte und somit den Köpfen der Cherubim war eine Art Thron, auf dem ein Gott oder Mensch saß.
Unter den Flügeln der Cherubim entdeckte Ezechiel etwas, das wie eine Menschenhand aussah (A. T. Ez 10,8). Die Cherubim konnten emporschweben. Er erlebte, wie ein handförmiger Greifer von dem Feuer, das zwischen den Cherubim war, etwas entnahm. Dabei war technisches Bodenpersonal aus dem Kreis der »Himmlischen Heerscharen« im Einsatz.

Heißluftschiff laut Bericht des Propheten Ezechiel

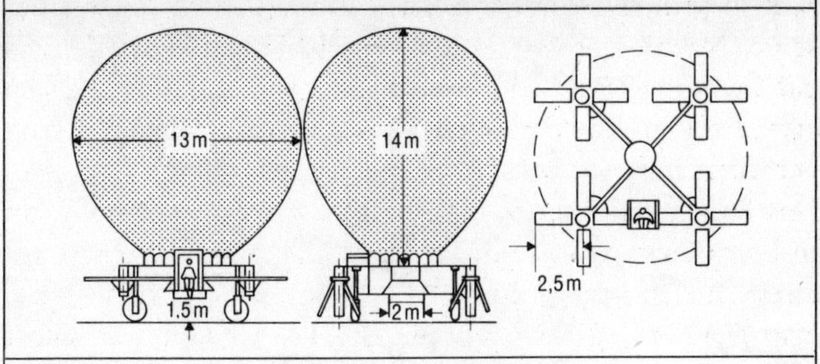

Bild 11: Bauweise von Heißluftschiffen gemäß Ezechiels Schilderung.

Während es in der Einheitsübersetzung der Bibel bei der Beschreibung einer Landung des Heißluftschiffes hieß, daß eine Wolke den Vorhof füllte, schrieb Martin Luther in seiner Übersetzung von Ez 10,3: »Und der Vorhof ward inwendig voll Nebel.« Luther dürfte richtig übersetzt haben, denn die Cherubim stießen als Dampfmaschinen Dampf und somit Nebel aus. Dieses Beispiel verdeutlicht erneut, welche Probleme unsere Übersetzer bei dem Begriff »Wolke« hatten, die in Wirklichkeit ein »Ballon« war, in dessen Nähe, verursacht durch die Cherubim, Dampf und Nebel entstand.

Auf Bild 11 wird versucht, die Ausführungen Ezechiels in eine Zeichnung umzusetzen. Mittig unterm Heißluftballon war das Gefäß mit Holzkohlefeuer. Mit Hilfe einer Feuerschürze wurden die heißen Verbrennungsgase an einem Dampfkessel vorbei ins Innere des Heißluftballons geleitet. Der im Dampfkessel erzeugte Dampf gelangte in die an den vier Ecken eines Gestells angebrachten Cherubim, die ähnlich wie Menschen gestaltet waren. Sie hatten Hände mit Fingern, welche die Schwingflügel im Gegentakt abwech-

Dampfmotor mit Schwingflügeln

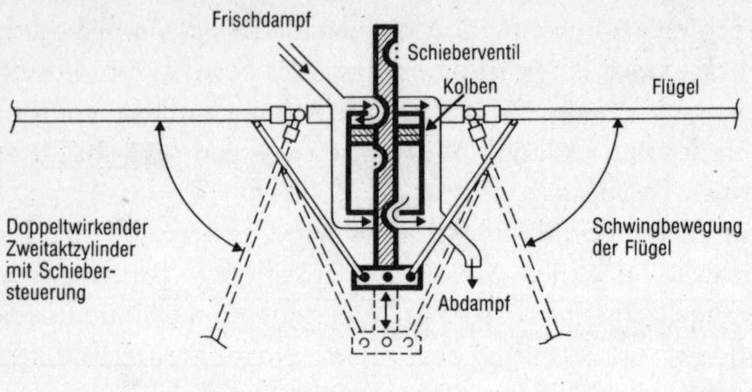

Bild 12: Umsetzung einer Kolbenbewegung in einen Flügelschlag gemäß heutiger Vorstellung. Doch damals machte man es anders – mit »Händen und Fingern«.

selnd auf- und abwärts bewegten. Vermutlich gab es zusätzliche Gestelle, die die Cherubim seitlich kippen konnten, damit die Schwingflügel nicht nur nach oben und unten, sondern wie beim Vogelflug auch einen seitlichen Vorschub bewirkten. Wie wir mit heutiger Technik so etwas machen könnten, wird auf Bild 12 darzustellen versucht. Ob damit die seinerzeit praktizierte Technik richtig nachempfunden wurde, läßt sich leider anhand des Berichts von Ezechiel nicht überprüfen.

Ezechiel schildert unter anderem, wie er im Jahr 572 v. Chr. auf einem sehr langen Flug in einem der Fluggeräte seines Herrn und Gottes auf einen hohen Berg mitgenommen wurde. Südlich des Landeplatzes lag eine Stadt. Dorthin nahm ihn der Herr, der das Fluggerät gesteuert hatte, mit.

Ezechiel sah einen Mann, der aussah, als sei er aus Bronze (A. T. Ez 40,3 in der Einheitsübersetzung). Er hatte eine Meßlatte in der Hand und stand am Stadttor und sprach zu Ezechiel: »Achte auf alles, was ich Dir zeige. Du bist hierher gebracht worden, um später über alles berichten zu können, was Du hier siehst.« Ezechiel schrieb auch alles nieder, was er in der ihm bislang unbekannten heiligen Stadt mit ihrem großen Tempel sah.
War es eine Stadt in Palästina oder anderswo? Ezechiels Hinweis auf einen Mann, der aussah wie Bronze, weckt zwangsläufig Spekulationen, daß man ihn nach Südamerika geflogen hatte und er dort einem eingeborenen Indio mit bronzefarbener Haut begegnete. Ob ein solch weiter Flug von Babylon bis nach Südamerika mit einem Heißluftschiff im Jahre 572 v. Chr. technisch möglich war, bedarf noch der Klärung an anderer Stelle dieses Buches.
In den Hochlagen der Peruanischen Anden gibt es tatsächlich eine Stadt mit Tempel, die der von Ezechiel beschriebenen weitgehend entspricht. Sie nennt sich Chavin de Huantar. Und dort wurde ein steinernes Dokument gefunden, die Raimondi-Stele, das klare Auskunft über die Bauweise und Funktion seinerzeitiger Cherub-Dampfmaschinen gibt. Alles nur Zufall? Wohl kaum. Dieser Meinung ist auch Erich von Däniken in seinem 1982 erschienenen Buch »Die Strategie der Götter«. Allein schon wegen seiner vielen aufschlußreichen Fotos aus Chavin de Huantar ist es lesenswert.
In den vorangegangenen Kapiteln dieses Buches konnten wir die alttestamentarischen »Wolkensäulen« als Heißluftballons mit heute noch gebräuchlichen Abmessungen identifizieren. Wir erfuhren, daß sie zur Vorgabe einer bestimmten Flugrichtung Cherubim als dampfbetriebene Maschinen an Bord hatten. Wir lernten die Gerätschaften zum

Wasser- und Kraftstoff-Auftanken kennen. Ezechiel beschrieb, wie unter den abwechselnd auf- und abschwingenden Flügeln der Cherubim sich Gebilde ähnlich den Händen von Menschen befanden und daß die Cherubim ähnliche Gestalt wie Menschen hatten. Es stellt sich die Frage, ob es zusätzlich zum Alten Testament noch andere Quellen gibt, in denen Flugmaschinen der Vorzeit beschrieben werden. Das ist tatsächlich der Fall. Professor Dr. Dileep Kumar Kanjilal bemüht sich seit mehreren Jahren an der Universität Kalkutta um moderne und richtigere Übersetzungen aus altindischer Literatur. Vor einigen Jahren hielt er einen Vortrag mit dem Titel »Die Mechanik und der Gebrauch von fliegenden Maschinen in den Veden und der klassischen Sanskrit-Literatur«. Er führte unter anderem aus: »Die ältesten indischen Veden gehen bis zu 4000 v. Chr. zurück. Im Rigveda wird ein fliegender Apparat mit dem Wort ›ratha‹ (Streitwagen) bezeichnet, während dasselbe Gebilde im Yajurveda ›Vimana‹ (vogelähnlicher Flugwagen) genannt wird. Diese fliegenden Monster waren dreieckig, verfügten über drei Räder, wurden durch drei Piloten gesteuert, und vermochten fünf meist göttliche Passagiere mitzunehmen. In der Sanskrit-Literatur wird detailliert beschrieben, aus welchen Metallen die Vimanas zusammengebaut waren. Bis heute übersetzbar sind die Metalle Gold, Silber und Eisen. Wenn die Flugapparate sich mit viel Lärm in die Luft erhoben, wurden drei leuchtende, säulenartige Gebilde sichtbar. Drei verschiedene Flüssigkeiten mußten in drei separate Tanks eingefüllt werden. Diese fliegenden Maschinen bewegten sich sowohl bei Tag als auch Nacht schneller als alle Winde, und sie besaßen Orientierungshilfen, um auch Zielpunkte in weiter Ferne auszumachen.«
Inzwischen fand ich in anderer Literatur konkrete Abmessungen der dreieckförmigen Pyramiden-Heißluftschiffe.

Die Gestänge in den drei nach oben ragenden Pyramidenekken waren etwa 40 Meter lang und vermutlich aus Bambus. Die Wahl einer Dreieckspyramide als Form für einen Heißluftballon ist sowohl aerodynamisch als auch vom Verhältnis Materialgewicht zu eingeschlossenem Heißluftvolumen als technisch ideal zu bezeichnen. Man kam mit drei Cherub-Schwingflügelvortrieben aus, wobei eine Kante der Dreieckspyramide in Flugrichtung wies. Aus den Abmessungen der Pyramide errechnet sich ein eingeschlossenes Heißluftvolumen von etwa 5400 Kubikmeter. Dem entspricht laut Normung heutiger Heißluftballons eine Tragfähigkeit von elf Personen. Selbstredend war das Gewicht der Heißluftschiffe der Vorzeit wegen der dickeren Ballonhaut aus Leinen statt heutigem Nylon, den mitzuführenden metallenen Cherubim und des für deren Betrieb notwendigen Wassers weit größer als das heutiger Heißluftballons. Während diese Ballons allein durch die heiße Luft im Ballon in der Luft »schwimmen« können, hatten die Vorzeit-Heißluftschiffe einen zusätzlichen Auftrieb durch die Schwingflügel. Dieser war recht beträchtlich, wie nachfolgende Abschätzung verdeutlicht. Wir gehen von einer mit zehn Kilowatt angenommenen mechanischen Leistung einer Cherub-Dampfmaschine aus. Erfahrungswerte, wieviel Prozent der auf einen nach unten schlagenden Schwingflügel übertragenen Leistung als aerodynamischer Auftrieb wirksam werden, gibt es meines Wissens nicht. Die Schwingflügeltechnik stellt in unserer heutigen Drehwurmtechnik eine vernachlässigte Grauzone dar. Ich schätze den Wirkungsgrad des nach unten schlagenden Flügels auf etwa 30 Prozent. Also werden etwa drei Kilowatt als Auftrieb wirksam. Unterstellen wir, daß unser Vorzeit-Heißluftschiff zum Beispiel um 300 Kilogramm schwerer als ein heutiger Heißluftballon mit gleicher Tragfähigkeit war. Wegen dieses Übergewichts

würde es aus zehn Meter Höhe in etwa zehn Sekunden zu Boden fallen. Diesem Vorgang wirkt der Schwingflügelschlag mit einer Energie entsprechend 30 Kilowattstunden oder 30000 Joule (= Nm) entgegen. Mit dieser Energie kann eine Masse von 300 Kilogramm und einem Gewicht als Kraft gemäß Gewicht = Masse mal Erdbeschleunigung in zehn Sekunden um eine Höhe von zehn Meter durch Schwingflügelschläge angehoben und damit ein drohendes Absinken des Heißluftschiffes kompensiert werden. Ein mit aktiven Schwingflügelschlägen arbeitendes Heißluftschiff ist folglich etwas ganz anderes als ein nur passiv in der Luft schwimmender Heißluftballon!
Das Verhältnis Auftrieb des Heißluftschiffs als Folge der im Ballon eingeschlossenen Heißluft zum Auftrieb durch Schwingflügelschläge ist in weiten Grenzen variabel. Dies ermöglicht, unterschiedliche Heißluftschiffe zu bauen, wobei sich die Bauarten entweder durch großvolumige Ballons oder scheinbar überdimensionierte Schwingflügel äußerlich unterscheiden. Auch bezüglich der Anzahl der benötigten Cherubim und Schwingflügel sind Varianten möglich. Jahwes Heißluftschiff brauchte vier Antriebssysteme, die indischen Vimanas kamen mit drei aus, und zusätzlich gibt es im Alten Testament auch noch Schilderungen von »Wolkensäulen« mit sechs Cherubim. Es gab somit in der Vorzeit eine beachtliche Typenvielfalt von Heißluftschiffen. Bild 13 zeigt, wie es möglicherweise auf einem altindischen »Götterflughafen« ausgeschaut hat.
Bei den drei verschiedenen Flüssigkeiten, mit denen die Vimanas in drei separaten Tanks aufgetankt werden mußten, handelt es sich vermutlich um Öl als Brenn- und Kraftstoff, um Wasser zur Speisung der Cherub-Dampfmaschinen und um Schmieröl, um die komplizierten Hebel und Gelenke wie auch die Kolben der Dampfmaschinen so zu

Heißluftschiffe laut altindischer Veden

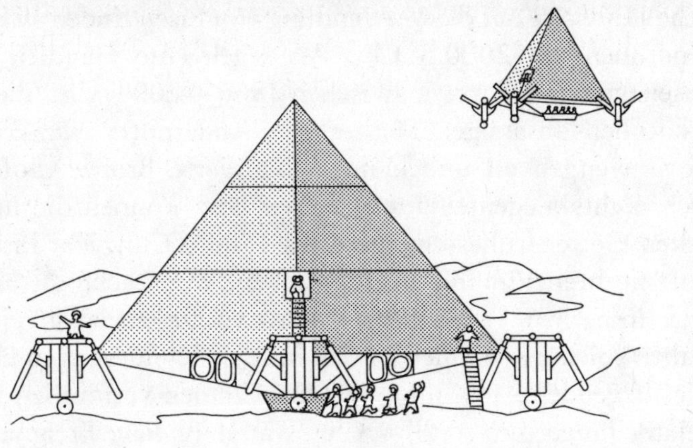

Bild 13: Auf einem altindischen Götterflugplatz. Im Vordergrund Vimana als Dreiecks-Pyramide.

schmieren, daß sie sich nicht festfressen konnten. Damals gab es sicher noch keine wartungsarmen Kugellager.

Die drei auf den Vimanas mitfliegenden »Piloten« hatten nicht nur mit der Navigation, also Steuerung der Anstellwinkel der Schwingflügel, sondern auch mit der Überwachung der Brennstoffzufuhr und zuverlässigen Schmierung der vielen mechanischen Teile der Cherubim- und Schwingflügel-Mechanik zu tun. Unterdessen widmeten sich die fünf meist göttlichen Passagiere in ihrer Gondel der Betrachtung der Welt von oben und erlebten dabei das erhabene Gefühl göttlicher Überlegenheit über die unter ihnen auf dem Erdboden sich fortbewegenden armseligen Menschen. Wenn es stimmt, was Professor Kanjilal feststellte, daß unter den aus dem Sanskrit übersetzbaren Metallen sich

Eisen befand, dann muß dieses beim Bau indischer Heißluftschiffe bekannt und verfügbar gewesen sein. Erste historische Hinweise auf die Verwendung von Eisen finden sich in Anatolien um 2000 v. Chr. Als regelrechte Händler für Eisenerzeugnisse treten zwischen 1800–1200 v. Chr. die in Anatolien ansässigen Hetiter auf. Andernorts war Eisen noch weitgehend unbekannt, dominierte Bronze. Sofern sich nichts Gegenteiliges beweisen läßt, können die indischen Götter frühestens um etwa 1500 v. Chr. über Eisenteile in ihren Vimanas verfügt haben. Wenn auch die ältesten indischen Veden bis zu 4000 v. Chr. zurückgereicht haben sollen, so handelt es sich bei den Schilderungen über die fliegenden Maschinen im Alten Indien vermutlich um relativ junge, um 1500 v. Chr. stattgefundene Ereignisse. Damit kommen wir in ähnliche Zeiten, in der das Alte Testament, beginnend bei Abraham, über Moses bis hin zu Salomo und Ezechiel uns das Wissen über die Vorzeit-Flugtechnik übermittelt.
Es ist nicht auszuschließen, daß der Wunsch vieler Herrscher in der Vorzeit bestand, nach dem Tod den Göttern gleich zum Himmel aufzufahren. Man versuchte die aus den ersten Schilderungen über Götterluftschiffe bekannte Pyramidenform nachzubauen. Da man deren Technik aber nicht verstand, vergriff man sich im Baumaterial und setzte steinerne Pyramiden in die Umwelt, die niemals fliegen konnten. Die Vorstellung, daß es etwas Erhabenes sein müßte, als Gottähnlicher zum Himmel auffahren zu können, hat sich bis heute erhalten. Oder was verbirgt sich ansonst hinter der Tatsache, daß wir Christen heute noch »Christi Himmelfahrt« als Feiertag feiern?

7

Wo liegt Chavin de Huantar?

Ich wußte es bis Ende der siebziger Jahre auch nicht. Dann kam ein Brief mit beigefügtem Foto der Raimondi-Stele. Die Stele stammt aus Chavin de Huantar, einer Tempelstadt hoch in den Peruanischen Anden. Auf ihr sei vermutlich etwas »Technisches« dargestellt. Ob ich es als Ingenieur klären könnte, wollte der Schreiber, ein engagierter Hobby-Archäologe, wissen. Ich begann zu tüfteln und suchte nach weiterem Bildmaterial aus den Anden. »Das findest du in Hülle und Fülle in Erich von Dänikens neuem Buch ›Strategie der Götter‹«, meinte ein Freund. Später erhielt ich den Hinweis, in Iphofen in Unterfranken gäbe es ein hervorragendes Museum mit Gipsabgüssen wesentlicher Reliefs aus allen Kulturepochen, darunter auch ausgezeichnete Kopien aus Chavin de Huantar.

Für mich begann eine aufregende Zeit mit technischer Detektivarbeit. Mehr und mehr verdichtete sich der Verdacht, daß die Steinritzzeichnungen aus Chavin de Huantar den Schlüssel zum Verständnis unserer Vorzeittechnik liefern könnten. Mit dieser Vermutung war ich nicht allein. So stellte Erich von Däniken in seinem Buch »Strategie der Götter« angesichts der Zeichnungen auf der Raimondi-Stele die Frage: »Haben wir es weder mit Jaguaren oder verkrüppelten Jaguarmenschen zu tun . . ., sondern mit dem Schema eines Motorblocks mit Einspritzdüsen und vielen Zuleitungen?« Erich von Däniken war auf der richtigen

Spur, und so kam es zum persönlichen Kontakt mit ihm. Er lud mich 1984 ein, vor der von ihm geleiteten »Ancient Astronautic Society« in Freiburg einen Vortrag zu halten. Das Thema meines Vortrages mit Farbdias lautete: »Das Zeitalter der Cherubim. Eine Exkursion in die Vorzeit-Naturkopietechnik.«

Die etwa 800 Tagungsteilnehmer spendeten nach meinem Vortrag wohlwollenden Applaus. Doch bei Einzelgesprächen mit den Anhängern der Theorie, Götter aus dem Weltall haben in früheren Jahrtausenden unsere Erde besucht und den Menschen Kultur und Technik gebracht, merkte ich bald, daß ich in diesem Kreis Außenseiter war. Nach meiner Meinung bedurfte es in unserer Vorzeit keiner Götter aus dem Weltall. Was uns an Beweisen für eine intelligente Vorzeittechnik überliefert wurde, stammte von Menschen unserer Erde und waren Zeichen für damals bereits bekannte Kreativität und handwerkliches Können. Da ich mich von dieser Auffassung nicht abbringen ließ, gingen weitere persönliche Kontakte zu Erich von Däniken und seiner großen Anhängerschaft im Laufe der Jahre verloren. Das ändert nichts daran, daß ich Erich von Däniken dafür dankbar bin, daß er mit seinem Buch »Strategie der Götter« viele Menschen auf die bislang ungeklärten Rätsel von Chavin de Huantar aufmerksam gemacht hat.

Ich möchte nicht das wiederholen, was Erich von Däniken 1982 niederschrieb. Die an mich ergangene Herausforderung lautet: »Welche Erklärungen für die Steinritzzeichnungen von Chavin de Huantar gibt es, wenn man sie kritisch mit den Augen eines Ingenieurs betrachtet? Ist es möglich, mit Hilfe richtig gedeuteter Zeichnungen das Dunkel über Kultur und Technik in vergangenen Jahrtausenden aufzuhellen? Was hatte die Vorzeittechnik mit der heutigen Technik an Gemeinsamkeiten? Oder war sie ganz ›an-

ders‹? Wenn ja: Was können wir von dieser Technik möglicherweise lernen, was uns bei der Bewältigung aktueller Zukunftsaufgaben hilfreich sein kann?«
Bei meinen Arbeiten zur Beantwortung vorstehender Fragen fand ich gute Unterstützung durch die Leitung des Knauf-Museums in Iphofen. Viele werden das kleine Museum nicht kennen, daher einige Erläuterungen hierzu. Die Firma Knauf als führender westdeutscher Hersteller von Gips und Gipserzeugnissen hat den Sitz ihrer Hauptverwaltung in Iphofen und dort in einem bemerkenswerten Profanbau eine Sammlung von originalgetreuen Gipsabgüssen wesentlicher Reliefs aus aller Welt untergebracht. Es handelt sich um ähnliche Gipsabgüsse wie in den heutigen meisten Museen, denn die Orginale stellt man nur noch ungern in Museen aus, sondern bewahrt sie in besonders klimatisierten Kammern vor drohendem Verfall. Die Gründer des Knauf-Museums, die Brüder Alfons und Karl Knauf, hatten sehr gute Verbindungen zu Archäologen und Museen, die sich weitgehend der von der Firma Knauf entwickelten Gipsabgußtechnik bedienten. Sie halfen ihnen, ein Museum in Iphofen mit einer Fülle Gipsabgüsse von vorzeitlichen Reliefs aus der ganzen Welt, von Ägypten bis zu den Azteken, auszustatten. Der Besucher des Museums kann zu günstigem Preis einen reich bebilderten Museumsführer kaufen. Bei Vergleich mit anderer Literatur über frühe Kulturen erweist sich der Text in der 1990 erschienenen zweiten, überarbeiteten Auflage des Museumführers als sehr modern. Er berücksichtigt die neuesten Erkenntnisse der archäologischen Forschung. Mit Genehmigung der Knauf-Museumsverwaltung werden nachstehend wesentliche Textpassagen und Bilder wiedergegeben. Bild 14 zeigt, wo Chavin de Huantar in Südamerika zu finden ist. Der Tempelbezirk von Chavin liegt in einem tief eingeschnittenen

Kartenausschnitt Peru

Bild 14: Standort der Tempelanlage Chavin de Huantar.

Tal am Osthang der Cordillera Blanca in etwa 3200 Meter Höhe am Zusammenfluß des Rio Wacheqsa mit dem Rio Mosna, einem Nebenfluß des Rio Maranon. Die archäologische Zone besteht aus einer Vielzahl von Tempelbauten in Form von Stufenpyramiden, Terrassen, Plattformen und eingetieften Plätzen.

Kernstück der gesamten Anlage ist der »Große Tempel«, auch »Castillo« genannt, der sich über drei mächtigen

Plattformen erhebt und eine Seitenlänge von 75 Metern aufweist. Wie die übrigen Wände sind seine Wände wechselweise aus jeweils einer Lage dicker und zwei Lagen dünner Granitblöcke errichtet. In die Außenmauer dieses Tempels waren einst in 2,50 Metern Höhe in gleichen Abständen in Stein skulpierte Menschenköpfe mit strengen, oft furchterregenden Gesichtszügen eingelassen, von denen nur noch wenige erhalten sind. In der Umfassungsmauer eines kreisrunden, eingetieften Platzes fand man sehr gut erhaltene Reliefs stilisierter Raubkatzendarstellungen. Ebenfalls an seinem ursprünglichen Platz im Kreuzungspunkt unterirdischer Gänge unter den Tempelanlagen ragt ein mächtiger Monolith von 4,53 Metern Höhe auf, der wegen seiner an eine gewaltige Lanzenspitze erinnernden Form »El Lanzon« genannt wird. Die in diesen Stein eingegrabene Darstellung der Chavin-Gottheit entspricht in ihren charakteristischen Grundzügen den Darstellungen auf der Raimondi-Stele und dem Tello-Obelisken. Wir werden uns nachfolgend noch sehr eingehend mit der Raimondi-Stele befassen.

Die hier auf den Stelen dargestellten magisch-religiösen Symbole hinterlassen angsterregende Wirkungen. Hinzu kommen ähnliche akustische Effekte auf die im Tempel versammelten Gläubigen, wenn Worte der Priester erschallten. Man vermutet, daß das verwirrende unterirdische Treppen-, Gang- und Kanallabyrinth als kompliziertes hydraulisch arbeitendes akustisches System diente, wobei aus bestimmten Anlässen unheimlich klingende Stimmen aus der Tiefe des Tempels sprachen. Es ist davon auszugehen, daß die Erbauer des Tempels von Chavin de Huantar über ein technisches Wissen verfügten, das weit der Zeit voraus war.

Bemerkenswert an der Chavin-Kultur ist, daß sie vollentwickelt und völlig unvermittelt in Erscheinung tritt. Vermutlich trugen bisher unerklärbare Einwirkungen von außen zu ihrer Entstehung bei. Die Hochblüte der Chavin-Kultur datieren die Archäologen auf die Zeit von 850–200 v. Chr. Es gibt aber auch mit C 14-Verfahren altersbestimmte Funde aus der Chavin-Kultur, die auf eine Zeit von vor 1000 v. Chr. schließen lassen. Im Vorderen Orient wirkte in dieser Zeitspanne König Salomo und wurde 571 v. Chr. der Prophet Ezechiel auf einer Flugreise auf einen fernen, hohen Berg gebracht. Dort empfing ihn am Tor einer großen Tempelstadt ein Mann, der aussah wie aus Bronze.

Den Archäologen ist es ein Rätsel, wie urplötzlich ohne Vorgeschichte im Hochland der Anden eine völlig neue Kultur entstehen konnte. Falls sie von außen eingewandert war: Woher stammte sie? Mit welchen anderen, etwa zeitgleichen Kulturen an anderen Stellen der Erde gibt es Gemeinsamkeiten? Da es im gesamten Nord- und Südamerika keine Spuren von Kulturen gibt, die Ähnlichkeiten mit der von Chavin haben, muß sie aus Übersee gekommen sein. Dann müssen die Einwanderer nach Chavin die riesigen Wasserflächen des Atlantischen oder Pazifischen Ozeans überwunden haben. Auf welchem Weg? Per Schiff, zum Beispiel mit einem großen Tarschisch-Schiff der Phönizier aus dem Mittelmeerraum kommend? Oder per Heißluftschiff der Vorzeitgötter? Denen des Vorderen Orients oder des Alten Indiens? War so etwas technisch überhaupt möglich? Müssen wir die Geschichte über die Entdeckung Amerikas durch Columbus revidieren? Waren Menschen aus Eurasien bereits etwa 2200–2800 Jahre vor Columbus in Amerika gelandet?

8

Das Geheimnis der Raimondi-Stele

Ich habe mehrfach versucht, die Raimondi-Stele zu fotografieren. Doch die Bilder sind unbefriedigend. Das hängt mit der Steinritztechnik zusammen. Der große Granit-Monolith wurde auf seiner glatten Oberfläche nicht mit Meißel und Hammer bearbeitet, sondern mit einer Art Reißnadel. Mit ihr wurden nur wenige Millimeter tiefe, dafür sehr exakte Rillen in die Oberfläche des Steines geritzt. Man kann sie mehr oder weniger nur durch den Schattenwurf erkennen. Ich habe es nicht fertiggebracht, eine solch gute Beleuchtung zu installieren, daß die geworfenen Schatten über die gesamte Fläche der Stele brauchbare Fotos ergaben. Auch die Fotografen des Knauf-Museums haben vor diesem Problem kapituliert, und so erscheint im Museumsführer eine von der Kulturabteilung der Niederösterreichischen Landesregierung in Wien angefertigte Umzeichnung. Dabei bedient man sich eines Spezialpapiers, das auf die Stele aufgelegt wird. Ich habe die Umzeichnung auf Bild 15 abkopiert.
Im Text zur Raimondi-Stele steht im Knauf-Museumsführer Folgendes:

»Raimondi-Stele aus dem Kulturzentrum Chavin de Huantar.
Jetziger Ausstellungsort: Lima, Museo Nacional de Antropología y Arqueología.
Material: Granit.

Fotografie und Nachzeichnung der Raimondi-Stele

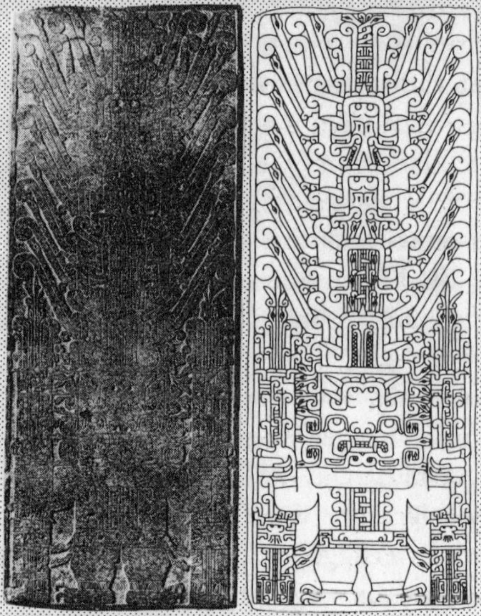

Bild 15: Die Raimondi-Stele aus Chavin de Huantar, wie sie als Gipsabguß meist senkrecht stehend in den Museen ausgestellt wird. Sie läßt sich nur schwer fotografieren (links). Daher bedient man sich bei solchen Steinritzzeichnungen nach Auflegen von Spezialpapier meist maßstabgerechter Umzeichnungen (rechts).

Abmessungen: Höhe 125 Zentimeter, Breite 74 Zentimeter
Vermutlich angefertigt zwischen 800 und 250 v. Chr.
Der Monolith wurde Mitte des vergangenen Jahrhunderts von einem Bauern während der Arbeit gefunden, mit nach Hause genommen und, mit der Zeichnung nach unten, als Tisch benutzt. Auf Betreiben des Wissenschaftlers A. Raimondi wurde er nach Lima gebracht, wo er heute im Museo Nacional de Antroplogía y Arqueología einen Ehrenplatz einnimmt.

Die im Flachrelief in Vorderansicht dargestellte Figur symbolisiert eine Version der Chavin-Gottheit, in der die drei Motive Mensch, Katzentier und Greifvogel einschließlich des Schlangenattributs in einer furchterregenden Synthese erscheinen. Der anthropomorphe Körper im oberen Drittel des Gesamtbildes weist auch die beiden anderen Merkmale auf: die Greifvogelklauen an Händen und Füßen und das Raubkatzengesicht mit den auffallenden Reißzähnen. In beiden Händen hält die Gestalt je ein symbolbeladenes Zepter. Sowohl aus der Gürtellinie als auch zu beiden Seiten des Kopfes winden sich Schlangen, deren Köpfe das Zepter berühren.
Auf den ersten Blick recht rätselhaft stellt sich die Zeichnung im oberen Teil des Monolithen dar, die sich über dem Haupt der zuvor beschriebenen Figur auftürmt. Im mittleren Sektor derselben kann man verschiedene tigerartige Köpfe oder Gesichter mit je einem dreieckigen Fangzahn unterscheiden, für den F. Kauffmann Doig auch die Möglichkeit andeutet, ihn als Vogelschnabelsymbol zu interpretieren. Zu beiden Seiten dieser Gesichter steigt eine Art Gefieder auf, bei dem sich Federn und Schlangenkörper abwechseln. Anhand vergleichender Studien an anderen Reliefs des Kultzentrums und an den abgerollten Zeichnungen der 1955 von M. Gonzales, dem Betreuer des Tempelbezirks, gefundenen Säulen schließt dieser peruanische Archäologe, daß es sich bei dieser schwer deutbaren Figur um eine Art Nackenbehang handelt. Der Künstler hat nach seiner Meinung auf diese Weise erfolgreich das Problem gelöst, die Gottheit von Chavin in einer uns fremden Sichtweise simultan sowohl von vorn als auch von hinten darzustellen. Er hat nicht dargestellt, was er sah, sondern was er wußte. So rückte er den sonst verdeckten Schulterbehang um 180 Grad in die Höhe, daß er über dem Kopf des Trägers sichtbar wurde.

Kauffmann Doig belegt die auf diese Weise repräsentierte Chavin-Gottheit mit verschiedenen Bezeichnungen: ›Mensch-Vogel mit Pumamaul‹, ›vermenschlichter gefiederter Puma‹ oder ›tigergesichtiger Engel‹. Mit großer Wahrscheinlichkeit will die ikonografische Konzentration all dieser Symbole auf die eine Gottheit eines belegen: Hier handelt es sich um das Wesen, welches Macht besitzt über Menschen, Tier und Pflanze, über Himmel und Erde und alles, was in dieser Welt vorgeht.«

Vorstehender Text ist einer Veröffentlichung von 1980 von F. Kauffmann Doig aus Lima entnommen, also relativ jungen Datums.
Man weiß nicht, was oben oder unten bei der Raimondi-Stele ist. Möglicherweise war sie wie am Fundort ähnlich einem Tisch waagerecht, allerdings mit der Zeichnung nach oben, in einem Gebäude von Chavin de Huantar aufgestellt und somit von allen Seiten betrachtbar. M. Gonzales spricht von einem Schulterbehang, der um 180 Grad in die Höhe gekippt wurde, folglich in der Wirklichkeit kopfstehend zu betrachten ist. Der Künstler habe auf diese Weise erfolgreich das Problem gelöst, die Gottheit von Chavin in einer uns fremden Sichtweise sowohl von vorn als auch hinten darzustellen.
M. Gonzales vermutet, der Künstler habe nicht dargestellt, was er sah, sondern was er wußte.
Die Frage, die sich uns Nachfahren stellt, lautet: Was wußte der Künstler, und warum bemühte er sich um eine verfremdende Darstellung? Die Frage läßt sich auch anders stellen: Zeigt die Raimondi-Stele möglicherweise etwas, das außerhalb der Erfahrungen und dem Fachwissen von Archäologen und Historikern liegt, und somit von ihnen bisher nicht zutreffend gedeutet werden konnte?

Technische Deutung der Raimondi-Stele

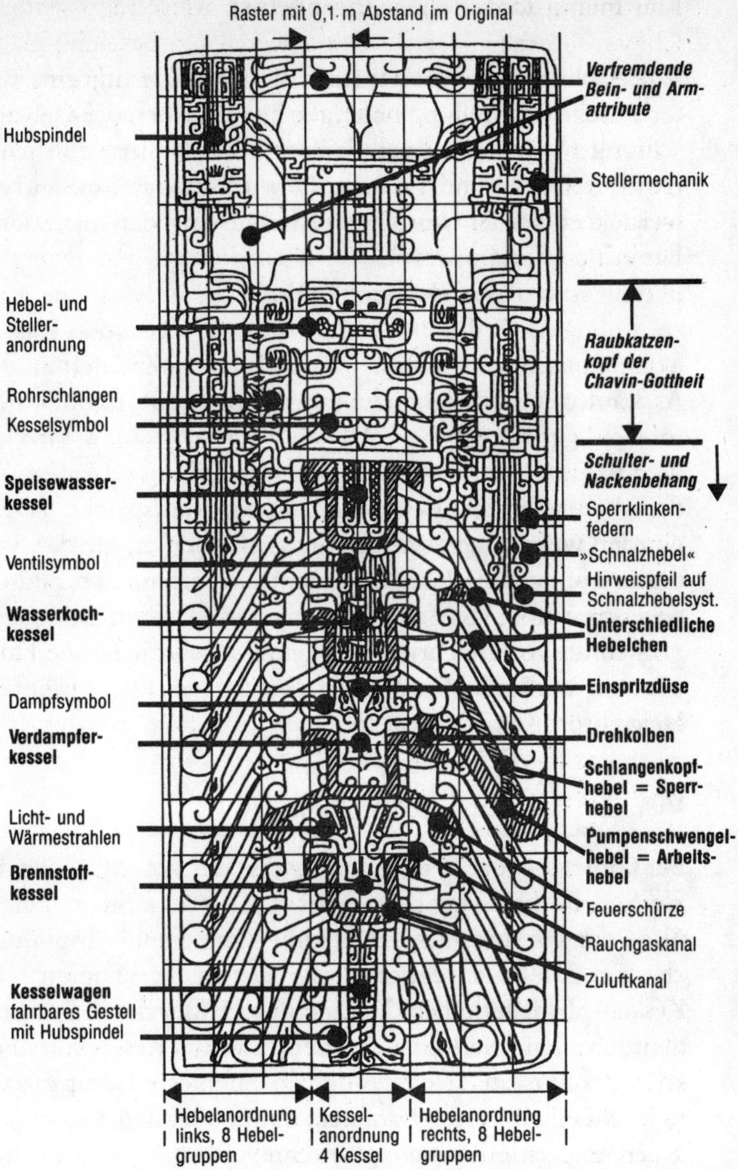

Bild 16: Die Raimondi-Stele diente in Chavin de Huantar als waagerecht liegender Anreißtisch. Die eingezeichneten Raster beweisen, daß wir eine hochpräzise, symmetrische technische Zeichnung vor uns haben. Was die einzelnen dargestellten Baugruppen für Funktionen hatten, ist am Rand vermerkt. (Kursive Schrift bedeutet konventionelle Deutung.)

Eine Herausforderung an Ingenieure

Wie nachstehend gezeigt, liegt der Verdacht auf eine rein technische Darstellung nahe, die aus Gründen der Geheimhaltung vor seinerzeitigen Rivalen mit scheinbar göttlichen Attributen verfremdet wurde. Es wird versucht, möglicherweise technische Bauelemente herauszufinden und deren Funktion zu analysieren.
In die vom Knauf-Museum erhaltene authentische Umzeichnung der Raimondi-Stele wurde ein metrisches Rasternetz eingezeichnet. Dabei wurde eine im Vergleich zu den Archäologen kopfstehende Anordnung der Raimondi-Stele als richtiger vorgegeben. Aus dem Rasternetz läßt sich auf die Exaktheit der symmetrischen Darstellung schließen, die dem heutiger technischer Zeichnungen entspricht. Ferner wurden wesentlich erscheinende Einzelheiten, die den Verdacht auf technische Bauelemente erhärten, auf Bild 16 gekennzeichnet. Sie wurden zwecks Verdeutlichung und Ausschluß von Fehlermöglichkeiten in speziellen Nahaufnahmen im Frühjahr 1984 nochmals von der Raimondi-Stele abfotografiert.

Vier übereinanderstehende Töpfe

Bei kopfstehender Betrachtungsweise des von M. Gonzales als Schulterumhang bezeichneten Teils der Stele fällt es nicht schwer, mittig vier übereinanderstehende topfähnliche Gebilde zu entdecken. Was sich in den Töpfen oder Kesseln abspielt, haben die Chavin-Künstler durch Symbole deutlich zu machen versucht. Beim zweiten Kessel von oben scheint kaum ein Zweifel möglich, daß hierin Dampfblasen in kochendem Wassser aufsteigen. Im obersten Kessel hingegen ist keine Bewegung erkennbar. Aber die Schraffen deuten wie bei heutigen technischen Zeichnungen auf ein Medium hin, mit dem der Kessel gefüllt ist. Vermutlich ist es kaltes Kesselspeisewasser, das über ein als Dreieckpfeil symbolisiertes Ventil dem darunter befindlichen Wasserkochkessel nachgespeist werden kann. Die beiden unteren Kessel unterscheiden sich vornehmlich durch die Symbole neben den »Doppelventilen«, im oberen als Dampfschwaden, im unteren als Licht- oder Wärmestrahlung deutbar.

Die Kesselanlage auf der Raimondi-Stele

Bild 17: Die Schraffen im obersten Kessel deuten auf ein ruhendes Medium (Wasser) hin. Im zweiten Kessel von oben scheinen Dampfblasen in kochendem Wasser aufzusteigen. Die V-förmigen Symbole am Boden beider Kessel lassen sich als Ventile deuten. Der Wasserkochkessel hat ein doppeltes Ventil, weil er zwei Teilkammern des unteren Verdampferkessels im Gegentakt getrennt versorgen muß.

Darstellung fliegender Götter in Chavin de Huantar

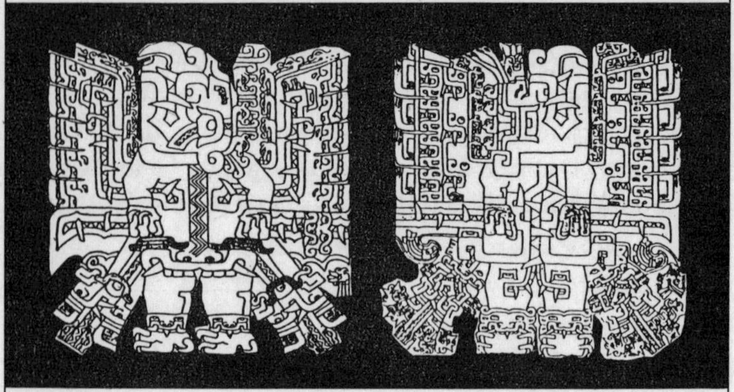

Bild 18: Auf den nördlichen und südlichen Säulen der Tempelanlage von Chavin de Huantar sind »fliegende Götter« dargestellt. Das linke Bild zeigt den Maschinisten, wie er über Knopf-Drücker die Cherub-Anlage steuert, das rechte den Navigator, der mit seinen Händen über Gestänge den Neigungswinkel der Schwingflügel verändert.

Mit der gleichen Berechtigung, wie Archäologen den vorstehend behandelten Teil als eine Art Schulter- oder Nackenbehang der Chavin-Gottheit zu deuten wagen, dürfte es Ingenieuren gestattet sein, die vier übereinanderstehenden Kessel anhand der eingezeichneten Symbole als die Kesselanlage einer speziellen Art von Dampfmaschine zu deuten. Doch damit noch nicht genug: Was Archäologen als Raubkatzengesicht mit auffallenden Reißzähnen bezeichnen, stellt sich bei technischer Betrachtungsweise als Kesselsymbol mit darüber befindlichen Hebeln und Stellgliedern dar. Fast Identisches findet sich auf anderen Standbildern aus Chavin wieder. Eines davon zeigt eine geflügelte Gottheit, wie sie mit den Händen Drückerhebel bedient, siehe Bild 17 und 18. Eine solche Übereinstimmung von Bauelementen kann kein Zufall sein, sondern läßt vermuten, daß sie besagen soll: »Die Hebel in dem von Archäologen als Raubkatzengesicht gedeuteten Teil der Raimondi-Stele sind von einer menschenähnlichen Gestalt mit den Händen zu bedienen und bewirken Veränderungen im Kessselsystem, dienen zum Beispiel zur Steuerung des Verbrennungsvorgangs oder der Dampfverteilung.« Möglicherweise sollen die je acht nach außen zeigenden gekrümmten, schlangenähnlichen Gebilde flexible Dampfrohrleitungen symbolisieren. Damit würde aus dem scheinbaren Raubtierkopf der Chavin-Gottheit der Dampfverteiler-Steuerkopf einer Dampfmaschinenanlage. Doch dies scheint vorerst noch eine zu weit hergeholte Spekulation zu sein.

Eine verwirrende Hebelanordnung

Halten wir uns zunächst an andere Fakten, welche die Raimondi-Stele als technische Konstruktionszeichnung ausweisen. Seitlich neben den Kesseln finden sich verkümmerte Hebelchen. Wären es reine Ornamente, so hätten sich die Chavin-Künstler nicht die Mühe gemacht, abwechselnd die übereinanderstehenden Hebelchen unterschiedlich darzustellen. Eine Gruppe drückt gegen größere Hebel mit »Schlangenköpfen«, eine andere überschneidet sich mit ihnen, kann sie folglich zurückziehen (siehe Bild 19). Das muß einen Sinn haben.

Stillschweigend wurde bei vorstehender Deutung vorausgesetzt, daß es sich tatsächlich um mechanisch funktionierende Hebel mit definierten Drehpunkten handelt. Was die Chavin-Künstler bei ihrer Art von Darstellung wußten, war das Verfahren zur Herstellung solcher Hebel. Es waren Schmiedeteile, bei denen aus Bronze- oder Eisenknüppeln die Enden auf dem Amboßhorn umgeschlagen wurden, um

Unterschiede bei der Hebelanordnung

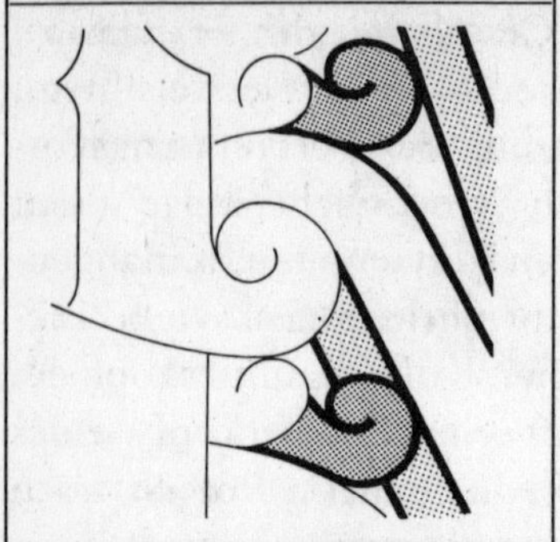

Bild 19: Die beiden kleinen schwenkbaren Hebel sind keine Ornamente, sondern haben sinnvolle Funktion. Der obere »drückt« gegen einen »Schlangenkopfhebel«, der untere überschneidet sich mit ihm. Sein Achsloch liegt über ihm. Er kann den »Schlangenkopfhebel« zurückziehen!

Schlangenkopf- und Arbeitshebel

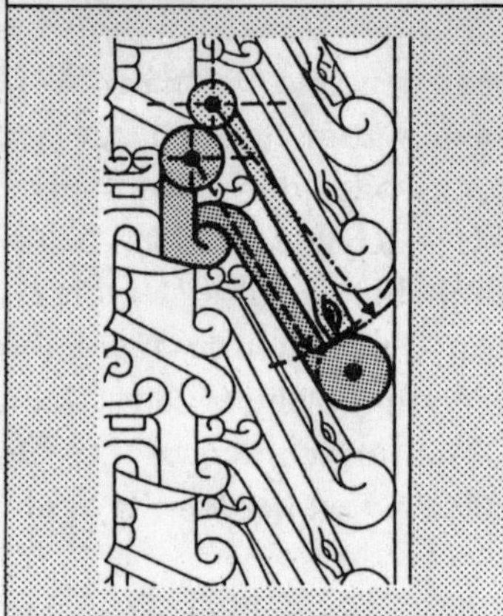

Bild 20: Die Kreisbögen um die Drehpunkte der Pumpenschwengel- und Schlangenkopfhebel überschneiden sich und blockieren somit zunächst jede Drehbewegung.

dieserart Achslöcher und Drehpunkte zu bilden. Dieses Herstellverfahren haben sie direkt in ihre »Technischen Zeichnungen« übernommen. Die vielen scheinbaren Spiralen an den Hebelenden als Drehpunkte ermöglichen uns eine zuverlässige Rekonstruktion des gesamten Hebelsystems. Es ist für heutige Ingenieure eine völlig ungewohnte Hebelanordnung und bereitet bei der Klärung seiner Funktion zunächst erhebliche Schwierigkeiten.

Irgendwie wirken die großen, einem Pumpenschwengel ähnlichen Hebel mit den dünneren Hebeln und den Schlangenköpfen zusammen. Die Kreisbögen um die Drehpunkte beider Hebel überschneiden sich, siehe Bild 20. Die Schlangenkopfhebel vermögen die Drehbewegung der Pumpenschwengelhebel zu blockieren. Warum? Hier hilft eine nützliche Detailergänzung auf der Raimondi-Stele weiter: Es

finden sich beidseitig Hinweispfeile haargenau über den Schlangenköpfen. Die darüber abgebildeten Schlangenköpfe scheinen zwischen Blattfedern, wie man sie über den Achsen von Eisenbahnwaggons findet, eingeklemmt zu sein. Soll das bedeuten, daß ein Teil des »Schlangenkopfes« wie der Unterkiefer einer tatsächlichen Schlange unter Überwindung von Federkraft »ausklinken« konnte?
Eine solche Annahme erweist sich technisch als weiterführend. Wir haben es bei der Hebelanordnung mit einem Sperrklinkensystem zu tun, das ähnlich funktioniert wie das Fingerschnalzen beim Menschen. Es bewirkt im Verdampferkessel durch Verzögern der Drehbewegung eine erhebliche Kompressionssteigerung und ist als genialer Trick zu bewerten, um mit einfachen Mitteln und groben Toleranzen eine funktionierende Dampfmaschine bauen zu können.

Eine perfekte Naturkopie-Technik

Die Analogie der Funktion der Maschine auf der Raimondi-Stele zu der des menschlichen Körpers geht weit über das »Fingerschnalzen« hinaus. Die »Pumpenschwengel-Hebel« sind nicht anders wie die Arme im Körper von Menschen aufgehängt und sind diejenigen Teile, die nach außen mechanische Arbeit abgeben. Der eigentliche Energiewandlungsprozeß von Kraft- oder Brennstoff über Wärme in mechanische Arbeit erfolgt wie beim Menschen im Inneren des Körpers. Der unterste Kessel ist die Brennkammer mit Zuluftkanälen (rund) und über Schieberhebel steuerbare Rauch- und Heißgaskanäle (rechteckig). Darüber befindet sich der heißwandige Verdampferkessel mit seitlich ausschwenkenden Drehkolben, in welchem vom darüber befindlichen Wasserkochkessel im Kolbenarbeitstakt selbsttätig Wasser eingespritzt wird. Die »Hebelchen« wurden zum Justieren des Sperrklinkensystems und zum Rückholen der im Gegentakt arbeitenden Kolben und Hebel der Zweitakt-Einspritzer-Dampfmaschine benötigt.

Es begann mit zwei Zylindern

Die Raimondi-Stele zeigt ein technisch bereits sehr fortgeschrittenes System mit insgesamt zweimal acht Arbeitshebeln und zugehörigen Drehkolben. Wir würden heute von einer Sechzehnzylinder-Zweitaktmaschine sprechen. Dabei speiste ein zentraler Kessel vier separate Zylindersysteme mit je vier Arbeitshebeln, die ihrerseits mit Hilfe von vier Schwingflügeln einem Heißluftschiff der Bauweise ähnlich Bild 8 und 11 das Schweben und Fliegen in der Luft in vorbestimmter Richtung ermöglichten.
Wird die Maschine auf der Raimondi-Stele unter Weglassen von Wiederholteilen auf ihre einfachste Bauweise mit zwei Drehkolben abgemagert und maßstabgetreu perspektivisch dargestellt, so erhalten wir ein menschenähnliches Gebilde, siehe Bild 21. Es konnte Arme und gegebenenfalls Schwerter schwingen und eignete sich hervorragend mit seinen selbsttätigen Bewegungen, dem lodernden Feuer, zischendem Dampf, Rauch und dem Lärm der schnalzenden Sperrklinkenmechanik zur Einschüchterung primitiver Menschen, die seinerzeit diese Technik nicht verstehen konnten. Funktionierten so die als Wächter vor Anlagen der Vorzeitgötter stehenden Cherubim?
Erinnern wir uns an die Aussagen des Propheten Ezechiel, der die Cherubim an den vier Ecken des ihm begegnenden Heißluftschiffs als menschengestaltig beschrieb und unter den Schwingflügeln Gebilde entdeckte, die wie Arme und

Der Cherub aus unserer Vorzeit

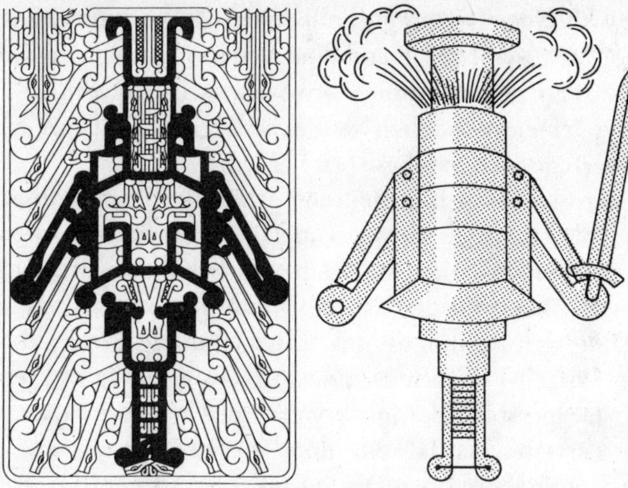

Bild 21: In der Technik hat es sich bewährt, bei der Klärung der Funktion einer Maschine zunächst alle überflüssigen Wiederholteile wegzulassen. So genügt zur Klärung der Arbeitsweise der auf der Raimondi-Stele abgebildeten Maschine zunächst die auf ein Armpaar abgemagerte Version. Welch eine Überraschung: Was dann übrigbleibt, ist der uns aus vielen Urzeitüberlieferungen bekannte Cherub, der mit Feuer, Lärm und schwingendem Schwert die Wohnsitze der Götter bewachte. Der Cherub entsprang einer perfekten Naturkopietechnik. Man vergleiche seinen Aufbau mit dem eines Menschen mit Armen und Beinen. Und er funktionierte auch ähnlich wie ein Mensch: Im Inneren des Körpers erfolgte die Wandlung von »Nahrung« oder »Kraftstoff« in eine andere Energieform, die schließlich wie beim Menschen schwenkbaren Armen zur Verrichtung von mechanischer Arbeit diente.

Finger aussahen. Die Ritzzeichnungen der Raimondi-Stele bestätigen, daß Ezechiel völlig richtig beobachtet hatte. Und so etwas sollen nach Meinung von Theologen alles nur »Visionen« gewesen sein? Die Entschlüsselung der Raimondi-Stele beweist, daß der Bericht des Ezechiel auf real erlebten Tatsachen beruht. Wie werden jetzt unsere Theologen hierauf reagieren?

Wer hat recht?

Laut bisheriger Deutung durch Archäologen stellt die Raimondi-Stele symbolisierend eine Version der Chavin-Gottheit dar, in der die drei Motive Mensch, Katzentier und Greifvogel einschließlich des Schlangenattributs in einer furchterregenden Synthese erscheinen.
Aus der Sicht von Ingenieuren enthält die Raimondi-Stele eine Fülle technisch zu wertender Maschinenelemente, deren Zusammenwirken mit den uns bekannten physikalischen Gesetzen in logischer Verknüpfung stehen und eine Deutung der Raimondi-Stele als technische Beschreibung einer Vorzeit-Dampfmaschine zuläßt. Sie war vor etwa 3000 Jahren mit bekannten Werkstoffen und handwerklichen Fertigungsverfahren ohne größere Schwierigkeiten herstell- und betreibbar. Die mit Hilfe derartiger Maschinen erzielbare technische Überlegenheit einer seinerzeit als Götter verehrten Elite und Minderheit von Menschen bedingte beim Festhalten wesentlicher technischer Konstruktionsmerkmale auf langlebigem Stein zwecks Abwehr von Mißbrauch durch Rivalen Mittel zur Verfremdung. Hierzu diente zum Beispiel die auf der Raimondi-Stele sachfremde Ergänzung von Armen und Beinen einer scheinbaren Gottheit. Den Chavin-Künstlern ist zu bescheinigen, daß ihnen, wie die bisherigen archäologischen Deutungen zeigen, eine Verfremdung in Richtung auf eine furchteinflößende Chavin-Gottheit sehr gut gelungen ist.
Aus technischer Sicht ist die Präzision der Darstellung und die hervorragende Wahl von uns heute noch verständlichen Symbolen, zum Beispiel für kochendes Wasser, hervorzuheben.
Es ist zu vermuten, daß seinerzeit die Raimondi-Stele den Metallhandwerkern als eine Art Mutterzeichnung diente,

wobei die geschmiedeten Hebelteile unmittelbar auf bestimmte Teile der Zeichnung zwecks Maßvergleich aufgelegt wurden. Dann stand aber die Stele nicht aufrecht, sondern wurde als flach liegender Anreiß- und Meßtisch verwendet. Somit gibt es kein Oben oder Unten beim Ramondi-Stein und keine Einschränkungen bei vorstehend erfolgter technischer Deutung, die uns wesentliche Einblicke in das Wissen und Können einer privilegierten Gruppe von Menschen vor etwa 2500 bis 3000 Jahren vermittelt.

9

Technikarchäologie als Wissenschaft

Die Aussagekraft einer Überlieferung aus unserer Vorzeit in Form von Reliefs oder Steinritzzeichnungen ist den in Sprache verfaßten weit überlegen. Bei letzteren kann es zur Verstümmelung des Textes auf dem Weg des mündlichen Berichts bis zur Niederschrift durch einen oft nicht ausreichend sachkundigen Schriftgelehrten kommen. Auf dem jahrtausendelangen Weg bis in die Gegenwart wechselte mehrfach die Sprache. Das Alte Testament, ursprünglich in Hebräisch verfaßt, gelangte erst auf dem Umweg über Griechisch und Latein in die deutsche Sprache. Dabei schlichen sich unvermeidlich Mißverständnisse bei den Übersetzungen ein. Oder es war allein durch den begrenzten Wortschatz früherer Zeiten gar nicht möglich, den heute geltenden Begriff zu finden. Als Beispiel diene die Unsicherheit bei der Übersetzung des alttestamentarischen Begriffs »Wolke«, wobei Martin Luther gelegentlich mit »Nebel« übersetzte und wir heute wissen, daß die »Wolke« ein »Ballon« war.

Andere Fehler schlichen sich dadurch ein, daß die Übersetzung einem vorgegebenen Zweck dienen sollte, also zum Beispiel dem Verständnis von göttlichem Geschehen im Rahmen des Religionsunterrichts. Dann wird in Zweifelsfällen zum Beispiel statt »Kraft«, wie es ursprünglich gemeint war, mit »Geist« übersetzt.

Alle diese Vorbehalte gegenüber den uns in Wortform

vorliegenden Überlieferungen gibt es bei den uns in Form von Zeichnungen und Bildern auf Stein übermittelten Dokumenten aus unserer Vorzeit nicht. Hier kann nichts, ohne daß es uns nicht auffiele, so verändert werden, daß es uns heutige Menschen in die Irre leiten könnte. Was uns die Steinritzzeichnungen der Raimondi-Stele sagen, ist die unverfälschte Realität einer etwa 2500–3000 Jahre zurückliegenden Zeit. Wenn derartige zeichnerische Darstellungen Aussagen über eine besondere Art von Vorzeittechnik ermöglichen, so erschließt sich uns eine völlig neue Fundgrube zum richtigeren Verstehen, wie unsere Vorfahren damals lebten und wirkten.

Ich bin der Meinung, mit der erstmaligen Entschlüsselung einer bemerkenswerten Vorzeittechnik an Hand der Raimondi-Stele und anderer steinerner Dokumente aus Chavin de Huantar wurde das Tor zu einem neuen Zweig der Wissenschaft aufgestoßen, das der »Technikarchäologie«.

Bei der Entschlüsselung vorzeitlicher Schriften halfen den Historikern steinerne Tafeln, die in mehreren Schriftsprachen den gleichen Text behandelten. War eine der Schriften bekannt, so gelang es mit ihrer Hilfe, die anderen zu enträtseln.

Für die bildliche Darstellung technischer Erzeugnisse ist eine »Sprache« besonderer Art erforderlich. Der Zwang, ein dreidimensionales Gebilde auf ein zweidimensionales Zeichenblatt oder, wie in der Vorzeit, auf eine Steinplatte möglichst maßstabsgetreu zu projizieren, gelingt nur mit einer speziellen Zeichensprache, die erlernt und untereinander abgestimmt werden muß. Verschiedene Strichstärken, Schraffen, Mittellinien von Wellen, Achsen und Schraubverbindungen sind erforderlich, um zu erkennen, welches Teil vor oder hinter einem anderen liegt, oder um welchen Punkt sich Hebel oder Räder drehen. Es hat seit Leonardo

da Vinci einige Jahrhunderte gedauert, bis sich eine weltweit relativ einheitliche »Sprache« für technische Zeichnungen herauskristallisierte.
Um die technische Zeichen- und Symbolsprache der Raimondi-Stele zu entschlüsseln, können wir nicht wie bei Hieroglyphen auf bereits bekannte Zeichensprachen zum Vergleich zurückgreifen. Aber wir haben andere Hilfsmittel: die auch in der Vorzeit als gültig anzusehenden physikalischen Gesetze! Dazu gehören auch Kenntnisse über das Zusammenwirken einzelner Elemente innerhalb von Systemen, wie sie zum Beispiel in Hochschulvorlesungen über »Maschinenelemente« behandelt werden. Hiervon ausgehend gelingt tatsächlich die Erstellung einer Art von Übersetzerschlüssel für technische Darstellungen des Kulturkreises von Chavin de Huantar und einer bis zu 3000 Jahre zurückliegenden Zeit, siehe Bild 22. Mit diesem Einstieg müßte es möglich sein, weitere Funde aus gleicher Zeit und Region zutreffender als bisher zu deuten. Damit wäre ein Anfang gemacht für eine Art »Wissenschaftlicher Technikarchäologie«. Durch die künftige Zusammenarbeit von Archäologen, Historikern, Museumsmitarbeitern mit im technischen Sehen und Analysieren geschulten Ingenieuren ist sie auf eine möglichst breite Basis zu stellen.
Was kann man mit dem einfachen Übersetzerschlüssel gemäß Bild 22 anfangen? Im Falle der Raimondi-Stele sehr viel. Und auch bei den »Fliegenden Göttern« von Bild 18 ist es möglich, zu technisch interessanten Aussagen zu kommen. Der links dargestellte »Maschinist« steuert mit beiden Händen sehr modern erscheinende Knopfdrucksysteme, um damit die Leistung der Cherub-Maschine zu steuern. Bei genauerem Betrachten erkennt man, daß er mit den »Drükkern« Schieber und Stellklappen in ihrer Lage verändert, welche die Zuluft- und Abluftverhältnisse am Brennstoff-

Übersetzerschlüssel für technische Zeichen und Symbole

Chavin-Symbol	Deutung	Heutige Darstellung
	Geschmiedeter Hebel, Ende zum Achsloch umgeschlagen	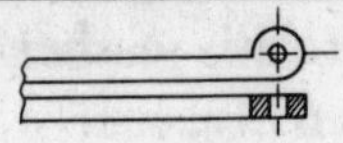
	Achsloch in einem feststehenden Teil	
	Drehkolbensystem mit Zylindergleitbahn für Drehkolben	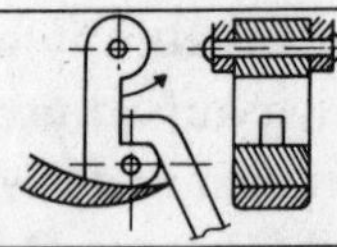
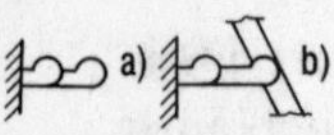	a) Gelenkhebel, klemmbar b) Rückholhebel mit Kettenglied	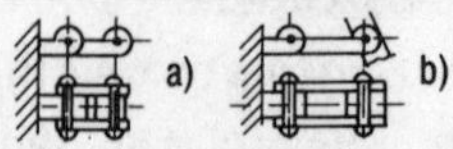
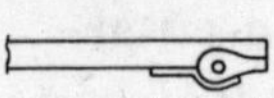	Sperrklinkenhebel (»Schnalzhebel«)	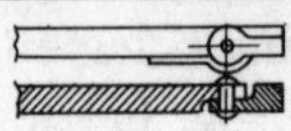
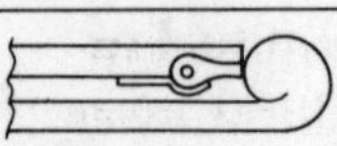	Schnalzhebelsystem	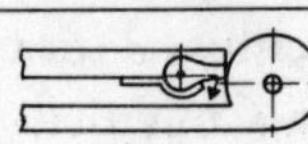
	Bei Darstellung mit stark eingedrehter Spirale: Nachlaufrad-System	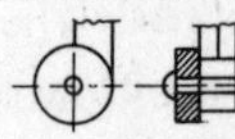
	Hubspindel mit Einstecklöchern wie bei Kelterpresse	
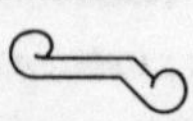	Schieberhebel für Dampf- oder Rauchkanäle	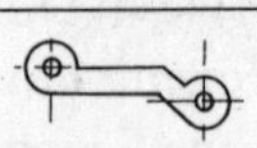
	Doppeltwirkendes Schiebersystem	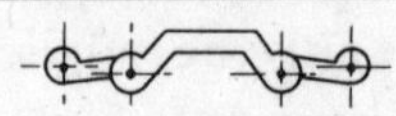
	Drücker-Stellhebel	

Chavin-Symbol	Deutung	Chavin-Symbol	Deutung
	Kessel, Gefäß, Zylinder		Kochendes Wasser mit Dampfblasen
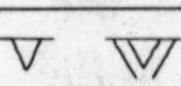	Einspritzdüsen, Ventile		Ruhende, kalte Flüssigkeit
	Rauchgaskamin		Dampfschwaden
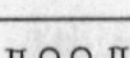	Frischluftzufuhr		Feuer mit Rauch
	Rohrleitungen, räumliche Anordnung		Wärmeübertragung, Lichterscheinung

Bild 22: Die Zeichensprache auf der Raimondi-Stele und auf anderen steinernen Dokumenten von Chavin unterscheidet sich nur unwesentlich von unserer heutigen, siehe obige Vergleiche. Aber auch die z. B. in Kessel eingezeichneten Symbole sind uns kaum fremd. Die Zeichensprache der Ingenieure scheint zeitlos zu sein, vermag ohne Probleme Zeitspannen von etwa 3000 Jahren zu überbrücken.

kessel beeinflussen. Man beachte die Unterschiede in der Darstellung rechts und links der Beine!
Der auf Bild 18 rechts dargestellte »Pilot« umfaßt mit beiden Händen das Gestänge, mit der die oben seitlich dargestellten Schwingflügel aus der horizontalen Lage in eine leichte Schräglage geschwenkt werden können. Damit wird das Verhältnis Auftrieb zu Vortrieb in eine bestimmte Richtung durch die jeweilige Neigung der Schwingflügel gesteuert.
Ein fast unlösbares Puzzlespiel ist der Versuch einer Deutung der Aussagen des Tello-Obelisks aus Chavin de Huantar, siehe Bild 23. Hier finden sich viele der von der Raimondi-Stele bekannten Symbole für technische Bauelemente in einer verwirrenden Anordnung wieder. Mein Eindruck ist, auf dem Tello-Obelisk wird ein geschichtlicher Überblick über die Entstehung von Chavin und der dort seinerzeit bekannten Maschinen gegeben. Amtlicherseits lautet die Deutung des Tello-Obelisks seitens der Archäologen: »Die in den beiden Hauptfiguren integrierten Motive (Mensch, Katzentier, Vogel, Schlange, Muschel, Pflanze, Kreuz) sind mit Sicherheit aus einer Mythologie heraus zu deuten, die für uns verlorengegangen ist.«
So ganz hoffnungslos mit der uns »verloren gegangenen Mythologie« ist allerdings die Situation gar nicht. Das beweist ein in Chavin de Huantar gefundenes Relief eines furchteinflößenden Tieres, über das es eine saubere Beschreibung im Alten Testament im Buch Hiob in den Kapiteln 40 und 41 gibt. Dort heißt es in der masoretischen Übersetzung:
»Der Ewige sprach: Siehe da den Behemot, den ich geschaffen. Seine Gebeine sind Barren Erz, seine Knochen wie Eisenstäbe. Er ist der Erstling des Werkes Gottes. Wer ihn opfern will, mag sein Messer heranbringen. Wer öffnet die

Der Tello-Obelisk von Chavin de Huantar

Bild 23: Beidseitige Bilder des Tello-Obelisk aus Chavin de Huantar. Auf ihnen finden sich eine Vielzahl technischer Symbole in Kombination mit Händen und Köpfen.
Er scheint die Historie der »Götter von Chavin« zu erzählen. Wer vermag alles richtig zu deuten?

Türen seines Antlitzes? Rings um seine Zähne ist Schrecken. Aus seinem Maule fahren Fackeln. Feuerfunken entsprühen. Aus seinen Nüstern steigt Rauch wie aus dampfendem Topfe und Kessel. Sein Odem glüht Kohlen, und Flammen fahren aus seinem Maul. Er macht Sieden wie ein Kessel.«
Im Vorwort zum Buch Hiob, auch Ijob oder Job genannt, heißt es in der Einheitsübersetzung der Bibel: Der Verfasser des Buches Ijob verarbeitete naturkundliches Wissen seiner Zeit und kennt alte Mythen.
Diese kannten die Bewohner von Chavin de Huantar offensichtlich auch. Wie sonst konnten sie auf einem Steinrelief das nachbilden, was haargenau dem Behemot im Buch Hiob des Alten Testaments entspricht? Somit können wir uns bei der Suche der »verlorengegangenen Mythen« der Chavin-Kultur mit guten Aussichten derjenigen Mythen bedienen, die in früheren Jahrtausenden im Vorderen Orient bekannt waren. Damit liegt ein erneuter Beweis vor, daß die urplötzlich im Hochland der Anden in Chavin de Huantar aufgetretene Kultur aus dem Vorderen Orient oder dem östlichen Mittelmeerraum vor etwa 3000 Jahren eingewandert ist.
Es sind nicht allzuviele technische Symbole auf Bild 24 zu erkennen. Doch möglicherweise geben die acht »Schlangenköpfe« auf dem Rücken und weitere zwei am Maul und drei an der Vorderseite einige interessante Hinweise. Laut Raimondi-Stele ist für einen mechanische Arbeit leistenden »Pumpenschwengelkopf« je ein »Schlangenkopf«, alias Sperrklinkensystem, erforderlich. Der Behemot war offensichtlich als metallenes Ungetüm eine Art Kampfmaschine der Vorzeitgötter. Zu seiner Fortbewegung diente eine Cherub-Dampfmaschine. Von einer zentralen Kesselanlage wurden mehrere räumlich verteilte Zylinder mit Drehkolben und daran befindlichen »Pumpenschwengelhebeln« mit Dampf versorgt. Aus den acht Schlangenköpfen auf

Der »Behemot« von Chavin de Huantar

Bild 24: Steinrelief des »Behemot« in Chavin de Huantar. Diese »Kampfmaschine« der Vorzeitgötter wird im Buch des Hiob (A.T.) eindeutig beschrieben.

dem Rücken des metallenen Monsters könnte man schließen, daß diese zur Bewegung der Beine dienten, also jeweils zwei für eines der vier Beine. Weitere zwei solcher mechanischen, dampfbetriebenen Hebel vermochten das Maul zu öffnen und zu schließen und die weiteren drei an der Vorderfront dienten möglicherweise für den Nahkampf als schwingende Waffenträger. Das Schüren des Feuers in der im Monster eingebauten Dampfkesselanlage wie auch die Betätigung der Schieber und Hebel, damit sich das Monster fortbewegen konnte, erforderte, daß in ihm Menschen tätig waren. Fernsteuerung gab es damals bestimmt noch nicht. Soll auf diesen Sachverhalt ein scheinbar im oberen Teil des Monsters am Schwanzansatz herausschauendes Menschengesicht hinweisen?
Um all das in Chavin vorgefundene Material in technischer Hinsicht richtig zu deuten, ist noch viel Detailarbeit erforderlich. Möglicherweie schmoren in vielen Abstellkammern unserer Museen eine große Zahl von Dokumenten aus der Vorzeit, bei denen bisher die Archäologen Schwierigkeiten mit der Deutung hatten. Um als Archäologe keine Schwä-

chen eingestehen zu müssen, ist es am einfachsten, solche problematischen Dokumente in die Rumpelkammern zu verbannen. Sie sollten jetzt hervorgeholt werden, um mit deren Hilfe zu einer umfassenden Bibliothek über die Technik in unserer Vorzeit zu kommen.

Es ist fraglich, ob ein Umprogrammieren heutiger Archäologen in Richung »Technikarchäologie« gelingen wird. Erfolgversprechender scheint, wenn sich in Zukunft gestandene und erfahrene Ingenieure dieses neuen Wissenschaftszweigs federführend annehmen. Dies könnte zudem von großem Nutzen für die Weiterentwicklung unserer Gegenwartstechnik sein. Folgende interessanten Fragen stellen sich künftigen »Technikarchäologen« aus dem Kreis von Ingenieuren:

– Welche Art von Technik gab es in unserer Vorzeit?

– Ist es richtig, daß unsere Vorfahren bewährte Vorbilder der Natur für ihre Technik nutzten?

– Welches bislang unausgeschöpfte Innovationspotential verbirgt sich hinter der Naturkopie-Philosophie unserer Vorfahren?

– Was läßt sich hiervon für Zukunftsinnovationen nutzbringend verwerten?

– Ist unsere Gegenwartstechnik wirklich die beste und überlebensfähigste, oder müssen wir uns in Zukunft auf die frühere Naturkopietechnik rückbesinnen?

Das sind Fragen, die ganz allein von Ingenieuren beantwortet werden können, wobei ihnen die heutigen Archäologen lediglich durch Hinweise auf Dokumente der Vorzeit, auf denen möglicherweise etwas »Technisches« dargestellt ist, helfen können. Es wird nicht einfach sein, brauchbare Ingenieure zur Auseinandersetzung mit der Technikarchäologie zu gewinnen. Die meisten Ingenieure interessieren sich wenig für die Geschichte der Menschheit. Sie unterliegen einem rein gegenwartsbezogenen »Spieltrieb«, immer wieder etwas »Neues« zu erfinden. Ob dabei die eingeschlagene Entwicklungsrichtung stimmt, ist für Ingenieure ohne Belang. Diese Richtung wird ja so oder so von denen vorgegeben, welche die Arbeit des Ingenieurs an einem neuen Projekt finanzieren. Letztendlich sind Markt und Umsatzerwartungen die maßgebenden Faktoren, um die Zielrichtung von Neu- und Weiterentwicklungen zu bestimmen.

Da es für Ingenieure zum Arbeiten die wesentlichste Voraussetzung ist, daß sich jemand findet, der seine Arbeit finanziert, muß ein finanzieller Anreiz für »Mäzene« bestehen, Geld für eine künftige Technikarchäologie zur Verfügung zu stellen. Wer hierin Geld investiert, möchte eine Gegenleistung von den Ingenieuren haben, die sich wieder in rückfließendes Geld wandeln läßt. Wie noch später dargestellt wird, lohnt es sich, in die Technikarchäologie Geld zu stecken. Die Arbeiten auf diesem Gebiet erweitern unseren bislang in technischer Hinsicht stark eingeengten Horizont, führen zu einer andersartigen und zum Teil besseren Technik als diejenige, die wir heute praktizieren. Ich vertrete somit die Auffassung, daß eine künftige Auseinandersetzung mit der »vergessenen Technik unserer Vorfahren« nicht nur ein Hobby für einige technische »Spinner« sein darf, sondern ein ernstzunehmender neuer Wissenschaftszweig sein sollte, der auf eine solide finanzielle Grundlage zu stellen ist.

Für den Einstieg in die neue »Technikarchäologie« möchte ich folgende Vorgehensweise zur Diskussion stellen:

1. Sammeln, Sichten und Katalogisieren von Bild- und Textüberlieferungen über vermeintliche Vorzeittechnik.
2. Erarbeiten von Übersetzerschlüsseln für technische Sym-

bole und Wortprägungen der Vorzeit (Beispiel »Cherub«) oder Umschreibungen (Beispiel »Wolke«).

3. Übertragen der Vorzeitfunde mit Hilfe von Punkt 2 in heute allgemeinverständliche Darstellungen.

4. Versuch einer Deutung des Gerätes oder der Maschine aus der Vorzeit, ob deren Funktion physikalisch verständlich und technisch sinnvoll ist.

5. Kritische Analyse, welche Materialien und Fertigungsverfahren in der Zeit der Entstehung des Gerätes tatsächlich zur Verfügung standen, und wie und wo es vermutlich gefertigt wurde.

6. Nachforschungen über ähnlich geartete Funde aus der Vorzeit, um deren Verbreitungsgebiet und die seinerzeitigen Macht- und Wirtschaftsstrukturen klären zu helfen. Daraus können gegebenenfalls die Motive, die zur Entstehung des technischen Gerätes führten, abgeleitet werden.

7. Rekonstruktion des Vorzeitgeräts als funktionsfähiges Modell und dessen praxisnahe Erprobung. Sofern sich physikalisch einwandfreie Meßergebnisse ergeben und die technische Funktion und deren Sinn eindeutig erkennbar sind, so kann an der realen Existenz einer derartigen, wiederentdeckten Vorzeittechnik nicht gezweifelt werden.

8. Kritischer, wertanalytischer Vergleich des Vorzeitgeräts mit funktionsähnlichen Gegenwartserzeugnissen hinsichtlich der verwerteten physikalischen Grundlagen, eventueller Vorbilder aus der Natur und des notwendigen Material- und Energieeinsatzes.

9. Versuch der Umkonstruktion des Vorzeitgerätes zwecks Anpassung an heutige rationelle Massenfertigungsverfahren und kostengünstige Materialien. Kritische Marktanalyse, ob das wiederbelebte Vorzeitgerät reelle Marktchancen hat und in die welt- und wirtschaftspolitische Landschaft paßt. Absichern des bei der Verwertung

von Vorzeittechnik erarbeiteten Know-hows durch Verträge und Schutzrechte.

10. Suche nach bisher technisch nicht genützten Lücken zwischen Vorzeit- und Gegenwartstechnik, um damit sich abzeichnende Probleme durch die in den nächsten Jahrhunderten zu erwartende weltweite Rohstoff-Verknappung lösen zu können.

Vorstehendes Schema für ein systematisches Vorgehen beim Einstieg in die Technikarchäologie erarbeitete ich 1984. Es ist mir inzwischen zu einer Art Leitfaden bei der Entwicklung neuer technischer Produkte geworden. Wenn man sich in die Denkweise unserer Vorfahren eingearbeitet hat, seit vielen Jahrmillionen bewährte Vorbilder der Natur für eigene Neuentwicklungen zu verwerten, dann öffnet sich uns eine scheinbar ganz neue Welt der Technik. Zu dieser Einsicht auch vielen Mitmenschen zu verhelfen, ist das Ziel meiner weiteren Darlegungen in diesem Buch.

10

Die Arbeitsweise der Cherub-Dampfmaschinen

Laut Punkt vier vorstehenden Schemas für Arbeiten auf dem Gebiet der Technikarchäologie wird nachstehend versucht, die Arbeitsweise der auf der Raimondi-Stele abgebildeten Cherub-Dampfmaschine verständlich zu machen. Dabei ist zu überprüfen, ob deren Funktion mit den uns bekannten Gesetzen der Physik in Einklang steht. Ferner soll versucht werden, das Leistungsvermögen seinerzeitiger Cherub-Maschinen abzuschätzen und herauszufinden, ob sie vom Gewicht her tatsächlich als Antrieb von Heißluftschiffen einsetzbar waren.
Obwohl ich mich bei meinen nachfolgenden Ausführungen um Allgemeinverständlichkeit bemühe, wird so mancher technisch nicht versierte Leser Schwierigkeiten haben. Andererseits kenne ich die Voreingenommenheit meiner Ingenieurskollegen gegenüber einer bereits vor 3000 Jahren praktizierten Technik, die in einigen Punkten sogar besser als die heutige Technik war. »Die Cherub-Dampfmaschine kann niemals funktioniert haben. Als Antrieb von Fluggeräten war sie viel zu schwer. Das sind alles nur Phantasien eines ›Spinners‹«, lautet ihr Vorurteil. Da ich mich nicht gern als »Spinner« in die Schmollecke stellen lasse, bleibt mir nichts anderes übrig, als meinen Ingenieurskollegen die Beweise vorzulegen, daß die damalige Cherub-Dampfmaschine wirklich funktioniert hat und in einigen Eigenschaften sogar heutigen Dampfmaschinen überlegen war. Ich

Die Cherub-Dampfmaschine in moderner Darstellung

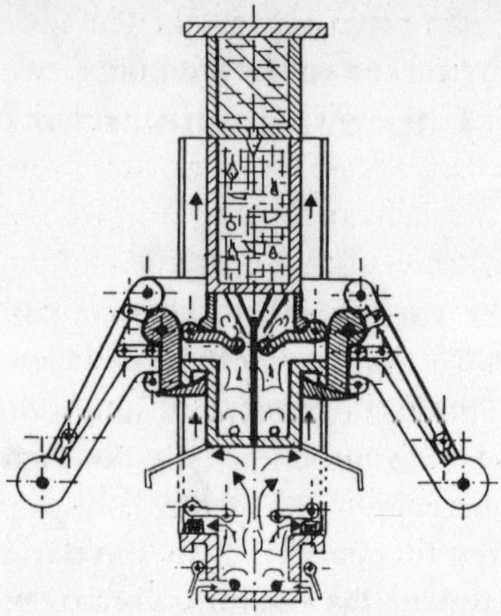

Bild 25: Die Übertragung wesentlicher Teile der Raimondi-Stele in unsere heutige Zeichensprache eignet sich gut als Vorlage zum Bau funktionierender Cherub-Dampfmaschinen.

hoffe auf Verständnis, wenn ich nachfolgend in der Sprache von Ingenieuren manches bringe, was reichlich trocken klingt und Nicht-Techniker langweilen könnte. Bitte überspringen Sie dann kurzerhand das Kapitel.

Ohne wesentliche Vereinfachung der Darstellung der Cherub-Dampfmaschine auf der Raimondi-Stele ist eine Erklärung von deren Funktion nur schwer möglich. Wir lassen alle Wiederholteile von Hebeln usw. weg und beschränken uns auf die einfachste Bauweise, die des zweiarmigen Cherubs, der offensichtlich am Anfang der Cherub-Technik stand. Bild 25 zeigt eine maßstabgerechte Umzeichnung des Cherubs in die Art heutiger technischer Zeichnungen.

Hervorgehoben ist, was wir heute Kolben und Zylinder nennen. Es waren pendelnd aufgehängte Drehkolben, die mit begrenztem Winkel über eine teilkreisförmige Zylinderbahn gleiten konnten und dabei Arbeitshebel zum Ausschwingen brachten. Das Kolbensystem wurde dem Kessel unter dem mit Dampfblasen versehenen Teil zugeordnet. In diesen »Verdampferkessel« konnte über zwei Einspritzdüsen in Kombination mit Überdruckventilen des Wasserkochkessels heißes Wasser eingespritzt werden, das rasch an den heißen Kesselwänden verdampfte und expandierte. Für ständige Wärmezufuhr sorgte der unterste Brennstoffkessel. Wenn sich im Verdampferkessel sowohl Symbole für Dampfschwaden neben den Einspritzdüsen als auch entsprechende Symbole für Feuer und Rauch wie im untersten Kessel befinden, so darf das nicht verwirren. Bevor die Cherub-Dampfmaschine in einen zyklischen Wärmekreisprozeß treten konnte, mußte zunächst das Wasser im Wasserkochkessel auf Überdruck gebracht werden. Dieser Startvorgang ist vergleichbar mit dem Vorglühen bei Dieselmotoren, damit er überhaupt anspringt. Später reichen die über die Rauchgaskamine am Wasserkochkessel vorbeigeleiteten heißen Gase aus dem untersten Brennstoffkessel zur Aufrechterhaltung des Überdrucks aus. Dann konnte der Verdampferkessel eine ähnliche Funktion wie der Zylinder einer heutigen Dampfmaschine übernehmen.

Dennoch war etwas ganz anders als bei heutigen Kolbendampfmaschinen, bei denen der Dampf in externen Kesseln bereitet und lediglich im Zylinder mechanisch abgearbeitet wird. Die Cherub-Dampfmaschine arbeitete als »Wasser-Einspritzer« mit Dampfüberhitzung durch heiße Zylinderwände. Dabei wurde in der Ausstoßphase in den Zylinder eingedrungene Außenluft zusätzlich zum Dampf mit erhitzt. Doch das ist längst nicht alles an Besonderheiten!

Sobald das Dampf-Luft-Gemisch durch die Wärmeabgabe von den beheizten Kesselwänden sich auszudehnen begann, drückte es auf die innere Wand des Drehkolbens. Dieser gab nur um einen sehr kleinen Drehwinkel nach. Bild 26 zeigt eine recht intelligente Sperrhebelanordnung. Sie ist dem Fingerschnalzen von Menschen nachempfunden, also eine reine Naturkopie-Technik. Bei anliegendem Drehkolben in Winkelstellung 0° liegt der Sperrklinkenhebel auf der Rundung des Arbeitshebels. Bei genauem Hinsehen auf Originalfotos der Raimondi-Stele – siehe Bild 20 – entpuppen sich die scheinbaren Schlangenköpfe als ausgeklügelte Sperrklinkensysteme. Sie benötigen Rückstellfedern, die auf der Stele zwecks Hervorhebung gesondert und vergrößert als Detail dargestellt sind. Beidseitige Hinweispfeile liegen unmittelbar über den »Schlangenköpfen«.
Bild 26 zeigt, wie das »Schnalzhebelsystem« zunächst die Bewegung des Drehkolbens hemmt. Erst wenn im Zylinder der Dampfdruck einen bestimmten Wert überschritten hat, kann die Kolbensperre überwunden werden. Der Schnalzhebel, der kräftig auf die Rundung des Arbeitshebels drückt, knickt plötzlich entgegen der Federwirkung ab, siehe in Bild 26 die Stellung unter einem Winkel von 5°. Damit verkleinert sich der Radius für die Drehbewegung des Schnalzhebels, der sich sonst mit dem Radius der Arbeitshebelbewegung überkreuzen würde. Jetzt rollt der Schnalzhebel unter Winkelvergrößerung an der Rundung des Arbeitshebels ab, bis der Anpreßdruck zu Null wird. Der hierdurch in seiner Bewegungsmöglichkeit freigegebene Sperrklinkenhebel holt sich mit Federdruck seinen Schnalzhebel in die Ausgangsstellung zurück und gleitet außen auf der Rundung des Arbeitshebels, bis der Drehkol-

Das Sperrklinkenprinzip

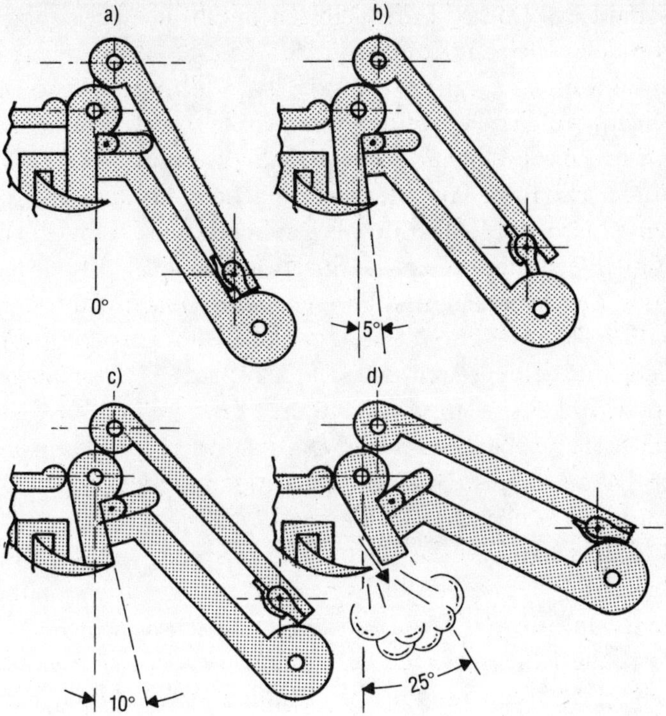

Bild 26: Das nach dem Prinzip des Fingerschnalzens funktionierende Sperrklinkensystem ist das Kernstück der seinerzeitigen Cherub-Technik. Das Symbol des Schlangenkopfes als Kennzeichen für einen arbeitenden »Arm« mit »Sperrklinken-Fingern« bedeutet auf den Chavin-Bildern soviel wie heute beim Auto die Angabe der Anzahl von Zylindern. – Obige Skizzen erklären die Wirkungsweise der Sperrklinken. Auf Bild a) mit Drehwinkel 0° liegt der Drehkolben am Zylinderausgang an. Im Zylinder hat sich noch kein Dampf mit Überdruck gebildet. Anders bei Bild b). Hier hat der Dampfdruck den Drehkolben um etwa 5° nach außen gedrückt. Der »Schnalzhebel« am »Schlangenkopf« beginnt entgegen dem Federdruck einer Blattfeder auszuklinken. Noch blockiert er das weitere Ausschwenken des Drehkolbens mit seinem daran befestigten »Arm«. Dann knickte er »schnalzend« urplötzlich weg und gibt die Sperre des Arbeitshebels frei. Auf Bild c) unter einem Winkel von etwa 10° ist der »Schnalzhebel« durch Federkraft in seine Ruhestellung zurückgeführt und gleitet fortan ohne weitere Funktion auf der Rundung des Arbeitshebels nach außen. Im Bild d) ist der Drehkolben um etwa 25° nach außen geschwenkt und gibt dabei den Austritt des abgearbeiteten Dampfes nach unten frei – ähnlich, wie es bei heutigen ventillosen Zweitakt-Benzinmotoren erfolgt.

Ein Metallmodell bestätigt die Funktion des Hebelsystems der Cherub-Maschine

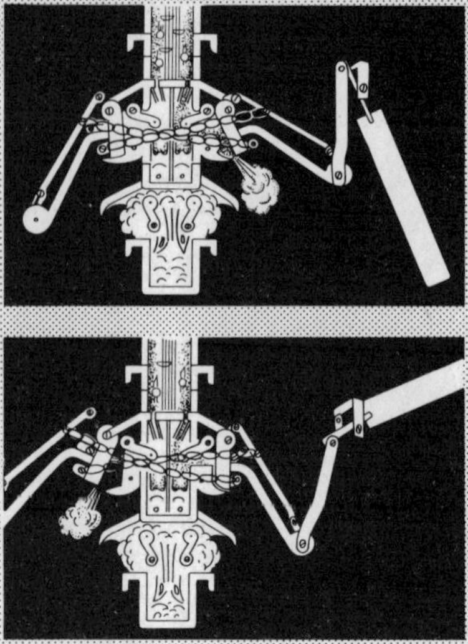

Bild 27: Die Bilder zeigen das von mir maßstabgetreu nach Raimondi-Stelenvorbild gebaute Metallmodell. Es bestätigte experimentell die Richtigkeit der Darstellung der Sperrklinkenfunktion gemäß Bild 26. Ich ergänzte das gebaute Modell durch einen weiteren Hebel, der die Kraft des ausschwingenden Arms über ein exzentrisch gelagertes Kugelgelenk auf einen sich beim Auf- und Abwärtsschlag selbsttätig drehenden Schwingflügel übertrug. Hinweise hierfür erhielt ich beim Sezieren einer Weihnachtsgans – also auch »Naturkopietechnik«.

ben frei und voll ausgeschwungen ist. Unter einem Winkel von etwa 25° mit den von der Raimondi-Stele auf Bild 26 übertragenen Maß-Relationen erfolgt der freie Austritt des Abdampfes an die Außenluft.

Um diese für uns völlig ungewohnte Schnalzhebelmechanik verstehen zu können und die Richtigkeit der Deutung experimentell unter Beweis zu stellen, baute ich maßstabsgetreu ein stabiles Metallmodell. Bild 27 zeigt eine Fotografie von ihm. Bei der Erprobung zeigte sich, daß zur einwandfreien

Justieren des Sperrklinken-systems

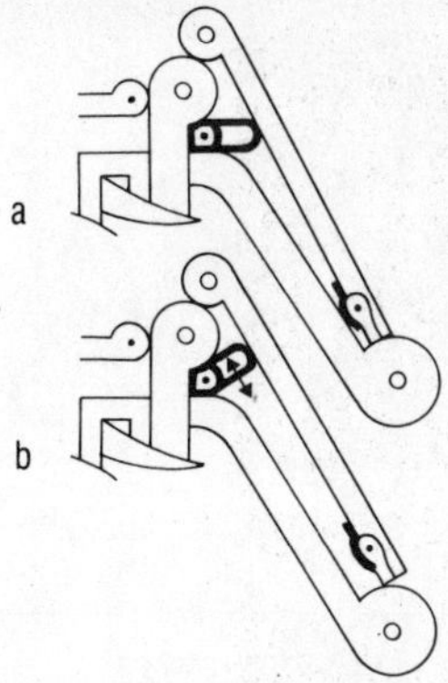

Bild 28: Der in Bild 19 oben dargestellte kleine Hebel ermöglichte eine geniale Justierung des Schnalzhebelsystems. Damit ließen sich grobe Fertigungstoleranzen leicht und zuverlässig ausgleichen.

Funktion das Justieren der Nullstellung des Schnalzhebels auf der Arbeitshebelrundung notwendig ist. Doch das haben die Chavin-Ingenieure vor etwa 2800 Jahren auch schon gewußt. Bild 28 zeigt, wie durch Drehen des Begrenzerhebels sehr feinfühlig und hierbei grobe Fertigungstoleranzen ausgleichend eine solche Justierung möglich ist.

Wenn der rechte Arbeitshebel voll ausgeschwungen und der Dampfdruck im Zylinder auf Umgebungsdruck abgebaut war, wie kam dann der Drehkolben in seine Nullstellung zurück? Auch darüber gibt die Raimondi-Stele Auskunft. Es erfolgte im Gegentakt zweier gegenüberliegender Kolben mit Hilfe von Rückholhebeln. Da diese nur auf Zug beansprucht wurden, können es auch Ketten ähnlich der Darstellung von Bild 29 gewesen sein. Zusätzlich zu den zwei gesonderten Einspritzdüsen auf der Raimondi-Stele wurde eine Trennwand im Zylinder ergänzt. Vermutlich hatten diese die Chavin-Künstler außer acht gelassen. Oder sollten durch diese Fehler andere am Nachbau der Cherub-Dampfmaschine behindert werden? Ohne diese Trennwand würde das Gegentaktverfahren nicht funktionieren.

Rückholen der Drehkolben im Gegentakt

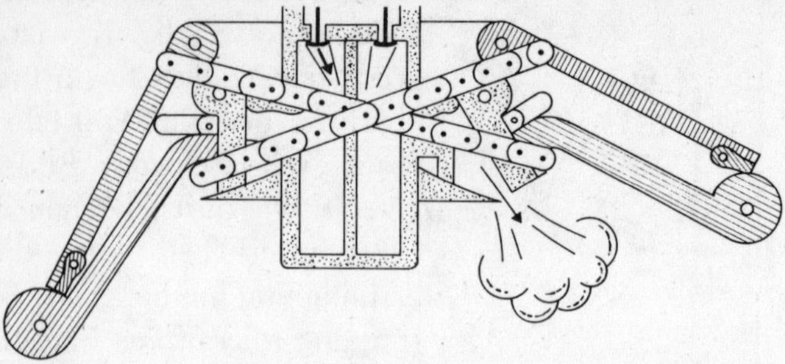

Bild 29: Die beiden Drehkolben arbeiten im Gegentakt und müssen sich gegenseitig in die Ausgangs-Null-Stellung zurückholen. Das bewirkt der in Bild 19 unten dargestellte Rückholhebel, der auf der Raimondi-Stele aber vermutlich nur symbolisch gemeint ist. In der Wirklichkeit wurden bei den Cherub-Maschinen zum Rückholen entweder übergreifende Gestänge oder Ketten angewendet, siehe obiges Bild.

Ein sauberer Seliger-Kreisprozeß

In der Gegenwartsliteratur wird die Funktion von Kolbendampfmaschinen mit Hilfe des thermischen Clausius-Rankine-Kreisprozesses zu beschreiben versucht. Dieser Kreisprozeß ist für die Cherub-Dampfmaschine nicht anwendbar. Sie verhält sich weit mehr wie ein Verbrennungsmotor nach dem Otto- oder Dieselprinzip.
Wir beginnen mit dem Zustand, daß der rechte Drehkolben voll ausgeschwenkt und der abgearbeitete Dampf frei nach unten ausgeblasen ist. Im Zylinderinnenraum stellt sich Atmosphärendruck ein. Er ist niedriger als der Druck im Wasserkochkessel. Die Druckdifferenz gibt das Ventil zum Verdampferkessel frei. Es wird heißes Wasser eingespritzt. Doch bevor dieses an den heißen Kesselwänden zu ver-

Der thermische Kreisprozeß der Cherub-Einspritzer-Dampfmaschine

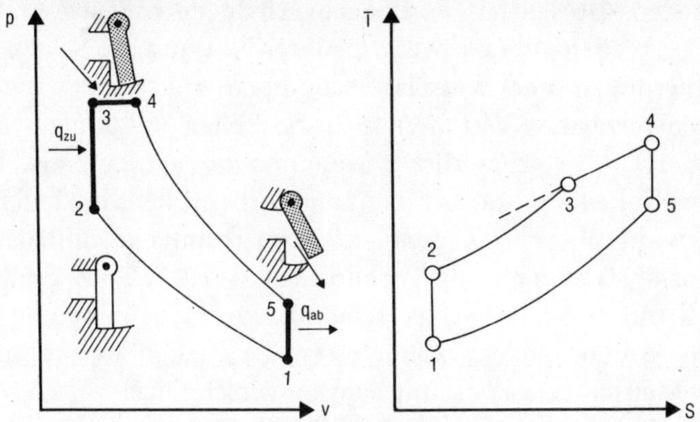

Bild 30: Cherub-Dampfmaschinen arbeiten mit dem Seliger-Kreisprozeß. Dabei bedeuten: 1–2 Isentrope Kompression, 2–3–4 Wärmezufuhr, 4–5 Isentrope Expansion: Arbeitsleistung, 5–1 Isochore Wärmeabfuhr des Abdampfes.

dampfen beginnt, reißt der gegenüberliegende Kolben nach Überwinden seiner Schnalzhebelsperre mit Hilfe des Rückholhebels im Gegentakt den rechten Kolben in seine Nullstellung zurück. Weitere Einzelheiten zeigen die p,v- und T,S-Diagramme des Seliger-Kreisprozesses von Bild 30. Beachtung verdient die Phase 3–4. Sie kennzeichnet näherungsweise den Vorgang der sehr geringfügigen Drehkolbenbewegung, bis der Sperrklinkenwiderstand endgültig überwunden ist, und der Dampf unter Leistung mechanischer Arbeit expandieren kann.

Solche genialen Tricks der Vorzeitingenieure ermöglichten, ohne teuere und schwere Dampferzeuger oder komplizierte Schiebersteuerungen, auf begrenztem Raum mit Hilfe heißer Zylinderwandungen eine relativ kleine eingeschlossene

Dampfmenge auf Temperaturen von möglicherweise bis zu 500 °C zu erhitzen und somit einen hohen Wirkungsgrad zu erzielen. Ob sie sich dieses Sachverhalts bewußt waren, ist zu bezweifeln. Sie machten aus ihrer Not, präzise Schiebersteuerungen und Kesselspeisepumpen mit seinerzeitigen handwerklichen Verfahren nicht herstellen zu können, eine Tugend. Aber vermutlich wäre ihnen die heutige Bauweise von Kolbendampfmaschinen mit Kurbelwellen, Exzentern, Schwungrädern usw. nicht einmal im Traum eingefallen. So etwas gab es nicht als Vorbild in der Natur. Dort fanden sich nur pendelnde oder schwingende Hebelbewegungen von Armen, Flügeln oder Flossen. Zusätzlich kannte man als Mensch den Trick mit dem Fingerschnalzen. Nachdem viele Jahrtausende zuvor die Menschen den gezielten Umgang mit Feuer gelernt hatten, verfügte man über vielerlei praktische Erfahrungen. Man hatte erlebt, wie eine ins Lagerfeuer geworfene hartschalige Frucht unter dem Dampfdruck plötzlich auseinandergerissen wurde, oder wie eine zum Trocknen übers Lagerfeuer gehängte Schweinsblase durch Ausdehnung der eingeschlossenen Luft mittels Wärme immer größer wurde, entweder platzte, oder gleich einem Heißluftballon in den Himmel schwebte. Beim Nachdenken über diese Erlebnisse und geschickten Kombinieren mit mechanischen Vorbildern der Natur kann nicht ausgeschlossen werden, daß schließlich einem Kreis versierter Tüftler nach langjährigem Probieren die Erfindung des Prinzips der Cherub-Dampfmaschine gelang. Das Denkvermögen von Menschen war ja seit 30·000 Jahren nicht geringer als unseres. Warum soll es unter den Menschen am Anfang der Bronzezeit um 3000–3500 v. Chr. nicht schon Menschen mit der Erfindergabe eines James Watt gegeben haben? Dessen 1765 n. Chr. erfundene Dampfmaschine arbeitete nach einem ganz anderen Prinzip als die Vorzeit-dampfmaschine und war um ein Mehrfaches schwerer. Kein Wunder, daß spätere Versuche, mit Wattschen Dampfmaschinen große Gasballons als Luftschiffe vorwärts zu treiben, aus Gewichtsgründen scheitern mußten. Diese Mißerfolge sind aber keine schlüssigen Beweise dafür, daß es grundsätzlich unmöglich ist, mit Dampfmaschinen Fluggeräte anzutreiben. Vermutlich ist allein unsere »falsche« Dampfmaschinentechnik hieran schuld, indessen die Vorzeitingenieure die eindeutig bessere Technik hatten, um unter Einsatz von Cherub-Dampfmaschinen den Menschen zum Fliegen zu verhelfen.

Das Prinzip einer ohne Dampfkessel arbeitenden Dampfmaschine ist in unserer Technik unbekannt. Wir spalten den Energieumwandlungsprozeß von Wärme in mechanische Arbeit in zwei getrennte Schritte auf: den der Erzeugung von Dampf mit möglichst hoher Temperatur und hohem Druck in einem dickwandigen, durch Feuer beheizten Dampfkessel, und im zweiten Schritt die Entspannung des Dampfes, wobei er einen Kolben in einem Zylinder vor sich hertreibt oder die Schaufeln einer Dampfturbine in Drehung versetzt. Die Cherub-Dampfmaschine arbeitete ohne Dampfkessel mit einer Art Einspritztechnik. Die Verdampfung von Wasser erfolgte unmittelbar im Arbeitszylinder. Das mit den Drehkolben kombinierte Sperrklinkensystem gewährleistet, daß erst dann ein Abarbeiten des durch Wärmezufuhr immer stärker erhitzten und unter Druck gesetzten Dampfes erfolgte, wenn er ausreichend hohe Werte erreicht hatte. Es ist vorstellbar, daß die Wand des Verdampferkessels mit den seitlichen Drehkolben durch das darunter befindliche Lampenöl- oder Holzkohlefeuer bis auf über 500 °C erhitzt werden konnte. Diese Temperatur teilte sich dann auch dem eingeschlossenen Dampf-Luft-Volumen mit und führte zu einer beachtlichen Drucksteigerung. Dabei wurde mit stark überhitztem Dampf gearbeitet. Ich habe nach Fachliteratur gesucht, um das Leistungsvermögen einer nach dem Cherub-Einspritzerprinzip arbeitenden Dampfmaschine einigermaßen verläßlich berechnen zu können. Ich fand keine. Mit solcher Art Wärmekraftmaschinen hat sich scheinbar bei uns noch niemand auseinandergesetzt.

Geht man von dem in Bild 16 eingezeichneten Maßstabraster auf der Raimondi-Stele aus, dann hatten die mittigen Kessel etwa zehn Zentimeter Innendurchmesser und war der Verdampferkessel etwa zehn Zentimeter hoch, hatte also ein Volumen von etwa 800 Kubikzentimeter, sofern die Raimondi-Stele die Maße der Cherub-Maschine im Maßstab 1:1 richtig wiedergibt, was wahrscheinlich erscheint. Unter Nutzung der für heutige Dampfmaschinen bei Berechnungen verwendeten Dampfdruck-Tabellen in Abhängigkeit der Temperatur habe ich versucht, das Arbeitsvermögen einer Cherub-Maschine zu berechnen. Doch das ging nicht. Wir haben es bereits bei den Anfangsbedingungen mit erheblichen Abweichungen zu heutigen Dampfmaschinen zu tun. Im Zeitpunkt Null vor Beginn der Expansion befindet sich im Zylinder ein Luft-Wasser-Gemisch unter dem Druck der Außenluft. Für solche Anfangsbedingungen gelten die normalen Dampfdrucktafeln nicht.

Eine weitere Schwierigkeit bei solchen Berechnungen besteht darin, daß es nicht genügt, für einen einmaligen Arbeitstakt das Arbeitsvermögen des überhitzten Dampf-Luft-Gemischs zu ermitteln. Um zu einer Leistungsgröße zu gelangen, müssen wir wissen, wieviel Arbeitstakte eine Maschine zum Beispiel in einer Minute zustandebringt. Bei der Cherub-Maschine sind Schwingflügel mit etwa 2,5 Metern Länge direkt an die Arbeitshebel angekuppelt. Es kann kaum mehr als ein Schwingflügelschlag pro Sekunde

möglich gewesen sein. Somit dürfte die Taktzahl der Drehkolben bei unter 60 pro Minute gelegen haben. Ein anderes Problem besteht darin, daß wir es bei allen Hebel- und Schwingflügelbewegungen mit ungleichförmigen, eher schlagartigen zu tun haben. Dies bewirkt das Sperrklinkensystem. Bei schlagartigen Vorgängen kommen andere Wirkungen wie bei gleichförmigen zustande.
Da ich mit rein theoretischen Überlegungen nicht weiterkam, versuchte ich das Prinzip der Cherub-Dampfmaschine als funktionsfähiges Modell nachzubauen. Ich bediente mich dabei für die Kesselanlage der leicht im Handel erhältlichen Kupferrohre und Fittings für Wasserleitungssysteme, die ich maßstabgerecht zuschnitt und mittels Hartlot in Kesselform verband. Für die Mechanik der vielen Hebel nahm ich Messing. Doch bei der Bearbeitung der allzu weichen Kupferteile auf meiner Drehbank, damit die Kessel dicht und formschlüssig aufeinanderpaßten, erlitt ich Schiffbruch. Ähnlich mag es meinen Ingenieurskollegen vor 5000 Jahren gegangen sein. Sie brauchten härteres Material als das bis dahin übliche Kupfer. Bei ihrer Suche fanden sie schließlich Legierungen von Kupfer mit Zinn oder auch Arsen und lösten damit die Bronzezeit aus.
Jetzt hoffe ich auf einen guten Freund, der sich als Hobby einen Schmelzofen für Bronze gebaut hat, um im Wachsausschmelzverfahren Gegenstände aus unserer Vorzeit aus Bronzeguß nachzubauen. Ihm müßte das Gießen der Cherub-Kessel, nachdem er einige Erfahrungen gesammelt hat, in Bronze möglich sein. Auch habe ich bereits versucht, den Leiter einer großen Lehrlingswerkstatt dafür zu gewinnen, daß seine Auszubildenden, statt Eisenklötze rechteckig zu feilen, sich daran versuchen, wesentliche Bauteile einer Cherub-Maschine mit guter Präzision und hoher Festigkeit herzustellen. So etwas passe leider nicht in sein Ausbil-

dungsprogramm, meinte er, als ich ihm 1985 diesen Wunsch vortrug.
Vielleicht meldet sich jetzt ein Leser dieses Buches, der Erfahrungen bei der Anfertigung komplizierter Modelle hat und den es reizt, einmal etwas zu bauen, was vor ihm noch kein anderer getan hat. Er kann gern von mir Unterlagen für den Bau eines Modells erhalten.
Da es bislang keine verwertbaren Theorien oder Meßwerte für Einspritzer-Dampfmaschinen in Cherub-Bauweise gibt, sehe ich mich zur Zeit außerstande, konkrete Leistungen für eine Maschine zu nennen, die in der Kesselanlage denen der Raimondi-Stele entspricht. Aus den beträchtlichen Drücken des überhitzten Dampf-Luft-Gemischs im Verdampferkessel schätze ich, daß bei »Volldampf«, also bei voller Heizleistung und hoher Taktzahl eine mechanische Leistung in der Größenordnung von zehn Kilowatt an die Schwingflügel weitergegeben wird. Das ist im Vergleich zur Leistung heutiger Zweitakt-Automotoren mit zum Beispiel 800 Kubikzentimeter Hubraum nicht viel. Aber man beachte die wesentlich geringere Zahl der Drehkolben- und Schwingflügelschläge pro Minute im Vergleich zur hohen Taktzahl heutiger Verbrennungsmotoren. Daß mit einer solchen vom Cherub an die Schwingflügel abgegebenen Leistung ein beachtlicher Auftrieb des Heißluftschiffes erzeugt werden konnte, wurde bereits im Kapitel »Von Ezechiel bis zum Alten Indien« dargelegt.

Wie schwer war eine Cherub-Maschine?

Nimmt man an, die Abmessungen auf der Raimondi-Stele stimmen mit denen in der Wirklichkeit überein, so hatten die vier übereinanderstehenden Kessel mit zehn Zentimeter

Innen- und 13 Zentimeter Außendurchmesser eine Wandstärke von 1,5 Zentimeter. Betrachtet man vereinfacht die vier übereinanderstehenden Kessel als ein rundes Bronzerohr mit 75 Zentimeter Gesamtlänge und vier zusätzlichen Böden mit zehn Zentimeter Durchmesser, so wog die Kesselanlage etwa 40 Kilo. Das ist erstaunlich wenig. Wer es nicht glaubt, überzeuge sich durch eigene Berechnungen. Hinzu kommen die zwei mal 16 »Hebel«, von denen jeder im Mittel etwa 28 Zentimeter lang und 2,3 Zentimeter breit war. Unterstellen wir einen quadratischen Querschnitt der Bronzeknüppel, aus denen die Hebel und ihre Achslöcher geschmiedet wurden, so wogen alle 32 Hebel zusammen etwa 42 Kilo. Hinzuzurechnen sind weitere Teile wie Feuerschürze, Rohrleitungen, Sperrklinkenfedern, Mechanik und Eigengewicht von 16, vermutlich mit Tuch bespannten Schwingflügeln. Das ergibt zusammen etwa 120–150 Kilo an Gewicht für die Cherub-Anlage.

Zwei Teile der Kesselanlage auf der Raimondi-Stele bedürfen einer Ergänzung. Der Brennstoff- und Speisewasserkessel war mit knapp einem Liter Inhalt viel zu klein, um einen längeren Flug des Heißluftschiffs zu ermöglichen. Aus den Sanskrit-Überlieferungen wissen wir, daß zum Betrieb der indischen Variante von Heißluftschiffen, den Vimanas, drei verschiedene Tanks mit Flüssigkeiten aufzufüllen waren. Diese waren offensichtlich separat zur Cherub-Maschine angeordnet. Sofern damals als Kraftstoff Lampenöl diente, konnte man es von außen jederzeit und gesteuert in den unteren Brennstoffkessel zufließen lassen. Gleiches gilt für das Nachfüllen des Speisewasserkessels, der ja unter natürlichem Atmosphärendruck stand.

Der dritte Tank der Vimanas enthielt Schmiermittel. Man stelle sich vor, wenn die Drehkolben, Sperrklinken, Arbeitshebel usw. mit Vollast arbeiteten, welche Reibungskräfte in

den vielen Gelenken und Gleitflächen auftraten. Damit es dort nicht zu vorzeitigem Verschleiß kam, mußten meiner Meinung nach alle diese kritischen Teile regelrecht im Schmieröl schwimmen. Auf jeden Fall gab es für die drei Mann Besatzung auf einer großen pyramidenförmigen Vimana viel zu tun, wenn fünf göttliche Passagiere Lust auf eine »Himmelfahrt« hatten.
Das Gewicht der drei auf Heißluftschiffen mitgeführten Tanks und von deren Inhalt hängt davon ab, ob das Heißluftschiff nur für kurze Strecken oder lange Überlandflüge eingesetzt wurde. Für ein kleineres Heißluftschiff mit sackartigem Ballon und vier Schwingflügelsystemen an den Ecken eines quadratischen Gestells dürften etwa 100–150 Kilogramm für die Tanks und die Tankfüllungen ausgereicht haben. Damit lag das Startgewicht eines aufgetankten Heißluftschiffs durch die mitgeführte Cherub-Anlage und Tankfüllungen um etwa 300 Kilogramm höher als bei einem antriebslosen Heißluftballon. Allerdings braucht dieser in der modernen Version auch nicht gerade leichte Propangasflaschen, wenn die Heißluftzufuhr eine mehrstündige Ballonfahrt möglich machen soll. Im Kapitel »Von Ezechiel bis zum Alten Indien« wurde festgestellt, daß durch kräftige Flügelschläge nach unten mit Hilfe eines Zehn-Kilowatt-Cherub-Antriebs ein Mehrgewicht von etwa 300 Kilogramm durchaus so kompensiert werden kann, daß sich ein Heißluftschiff mit Cherub-Dampfmaschine tatsächlich in der Luft halten und fortbewegen kann. Die letzten Zweifel an dieser Feststellung lassen sich wohl erst dann beseitigen, wenn ein komplettes Heißluftschiff nach alten Angaben nachgebaut worden ist und im praktischen Versuch seine Flugfähigkeit nachgewiesen hat. Damit es zu einem solchen Nachbau kommt, hatte ich versucht, eine Filmgesellschaft zu motivieren, einen Film über

unsere Vorzeit und deren fliegende Götter zu drehen. Dazu sollte man richtig funktionierende Heißluftschiffe der Vorzeit einsetzen. Ich würde bei deren Bau mit meinem Wissen behilflich sein. Doch ich erntete bei den Filmgewaltigen nur ein müdes Lächeln.

Das Problem mit den vielen Hebeln

Bei der bisherigen Deutung der technischen Funktion von Cherub-Maschinen haben wir uns auf die einfachste zweiarmige Bauweise beschränkt. Auf der Raimondi-Stele sind aber insgesamt 16 Paare von Arbeits- und Sperrhebeln dargestellt. Physikalisch gibt die auf der Stele gezeigte Anordnung keinen Sinn. Vermutlich hatte der Chavin-Künstler den Auftrag, unbedingt die Anzahl von 16 derartigen Systemen auf der Stele unterzubringen. Aus der Zuordnung aller Hebel symmetrisch zur Kesselanlage sollte erkannt werden, daß sie auch in Wirklichkeit im Mittelpunkt stand und von ihr aus die einzelnen Drehkolben mit Dampf versorgt wurden. Das ging aber nur mit Rohrleitungen vom Kessel zu den räumlich in einer Ebene verteilten Drehkolbensystemen. Die Raimondi-Stele laut Bild 16 zeigt am Boden und an den Seiten der Kessel zweimal vier kreisförmige Gebilde, die sich als Querschnitte von Rohren deuten lassen. Damit gelangt man zu den Anordnungen gemäß Bild 31 und 11. Hierbei wird zusätzlich die Aussage der Chavin-Darstellungen auf Bild 18 verwertet, daß letztendlich die Cherubim als Antrieb von Schwingflügel-Fluggeräten dienten.
Die eingezeichneten Schwingflügel bewegen sich durch das Hebelsystem im Rhythmus der Drehkolben auf und ab. An den oberen und unteren Totpunkten verharren die Flügel einige Zeit. Während der geringfügigen, durch die Schnalz-

Energieübertragung auf mehrere Schwingflügelsysteme

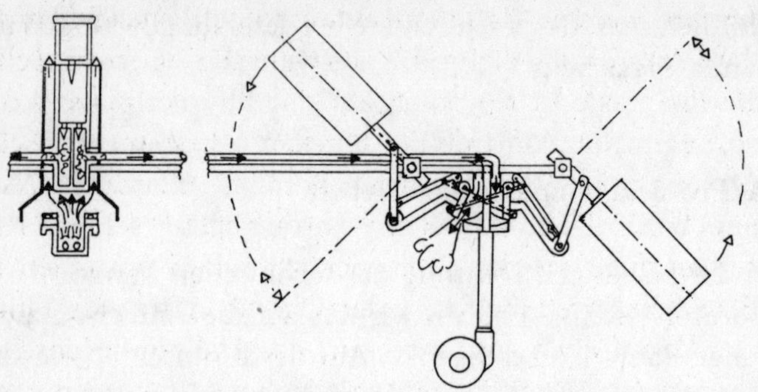

Bild 31: Wie bereits Ezechiel richtig beschrieb, befand sich das Feuer und damit die Kesselanlage mittig zwischen den äußeren Cherubim mit ihren Schwingflügeln. Dann wurde der zentral erzeugte Dampf an externe Cherub-Zylinder weitergeleitet und dort mit Drehkolben, schwingenden Armen und Flügeln und Vorkompression durch »Fingerschnalzen« abgearbeitet. Dazu bedurfte es eines ziemlich aufwendigen Rohrsystems zwischen Dampfkessel und Cherub-Zylindern.

hebelbewegung gehemmten Drehkolbenbewegung erfolgt das Umlegen der Schwingflügel in optimale Arbeitsstellung, das heißt für den rückführenden Aufwärtsschlag mit senkrechtem Flügelblatt und für den kräftigen Abwärtsschlag in waagerechter Stellung, um einen möglichst großen Auftrieb durch die nach unten verdrängte Luft zu erhalten. Wie die für die Drehbewegung der Flügel nötigen Übertragerhebel exzentrisch zur Flügelachse einzuhängen sind, konnten die Vorzeitingenieure der Skelettmechanik von Armen, Beinen und Flügeln von erlegten und verspeisten Tieren abschauen. Ich fand brauchbare Hinweise beim Zerlegen einer Weihnachtsgans und baute ein ähnliches Kugelgelenk exzentrisch in mein Metallmodell ein, wo auch prompt das automatische Umlegen der Flügel beim Auf- und Abwärtsschlag der Flügel funktionierte.

Der Versuch, insgesamt 16 Drehkolben mit Schwingflügeln und zwei mal vier Rohrleitungen technisch sinnvoll anzuordnen, führt zur Darstellung von Bild 31. Es kann nicht bewiesen werden, daß die Raimondi-Stele tatsächlich eine solche Anordnung meint. Da ist zwangsläufig etwas technische Phantasie in Kombination mit physikalischer Logik und unter Nutzung fremder Quellen alttestamentarischen Ursprungs im Spiel. Der Prophet Ezechiel (A.T. Ez 10,1–22) beschreibt den »Thronwagen« seines Herrn als flugfähige »Wolke« mit vier Cherubim um einen mit Kohle befeuerten Kessel. Jeder Cherub hatte vier Flügel, unter denen etwas sichtbar war, das wie eine Menschenhand aussah. Und diese Menschenhand konnte mit den »Fingern schnalzen«, lehrt uns die Analyse der Raimondi-Stele.

Eine phantastische Energiebilanz

Wir müssen den Vorzeitingenieuren eine so gekonnte Nutzung von Verbrennungsenergie bescheinigen, daß wir eigentlich mit unserer heutigen Technik vor ihnen beschämt dastehen. Zunächst diente verbrennendes Lampenöl, in früheren Jahrhunderten als zur Zeit von Chavin war es Holzkohle oder Tierfett, zum Aufheizen des Verdampfer- und Wasserkochkessels, um mit Dampfkraft die Schwingflügel für Auf- und Vorwärtsbetrieb in Bewegung zu setzen. Die heißen Rauchgase stiegen weiter nach oben, verdrängten die schwere Umgebungsluft durch heiße, leichtere Verbrennungsgase und brachten den Ballon mit Unterstützung durch Schwingflügelschläge in der Luft zum Schweben beziehungsweise »Schwimmen«. Selbst der Abdampf, der nach Abarbeiten von den insgesamt 16 Cherubzylindern

nach unten ausgestoßen wurde, diente ähnlich einem Dampfstrahltriebwerk zur Erhöhung des Aufwärtsschubs.
Zusätzlich zur Einspritz-Dampfmaschinentechnik mit Seliger-Kreisprozeß, die bei hohem Wirkungsgrad einen geringen Masseeinsatz ermöglichte, dürfte der diskontinuierliche Schwingflügelschlag mit erhöhter Beschleunigung bei waagerechter, größtmöglicher Flügelprojektionsfläche zu einem guten aerodynamischen Wirkungsgrad geführt haben. Der Trick mit der Fingerschnalztechnik machte es möglich.
Faßt man die überraschende Anhäufung positiver Effekte, die von den Vorzeitingenieuren bei der Entwicklung von Cherubim und den damit angetriebenen Fluggeräten verwertet wurden, zusammen, so verbleibt der Eindruck, daß die Vorzeitmythen vieler Völker über in Wolkenschiffen, Feuerwagen oder schwebenden Amphoren am Himmel fliegende Götter keine Visionen und Märchen, sondern Realitäten waren.
Es ist zuviel verlangt, daß ein einzelner Ingenieur wie ich in der Lage ist, alle die Rätsel richtig zu lösen, die uns die Steinritzzeichnungen der Raimondi-Stele aufgegeben haben. Ich suche also dringend Mitstreiter, die das Wissen um die Vorzeittechnik vertiefen helfen. Vielleicht finden sich Hochschulinstitute, die zum Beispiel nachfolgende Themen als Diplom- oder Doktorarbeit ihren Studierenden als Aufgabe stellen:

1. Theoretische und experimentelle Untersuchungen über den Wärmekreisprozeß der Cherub-Maschine.
2. Computersimulation des Cherub-Kreisprozesses zwecks Optimierung technischer Parameter.
3. Vergleich von Energiebedarf und Materialeinsatz zwischen modernen Kolbendampf- und historischen Cherub-Einspritzermaschinen.

4. Theoretische und experimentelle Untersuchungen über den von diskontinuierlichen Schwingflügelschlägen von Cherub-Systemen erzeugten aerodynamischen Auftrieb.
5. Kriterien für wirtschaftliche Relationen zwischen Auftrieb durch Heißluft in einem Ballon und dem durch Schwingflügelschläge erzeugten mechanischen Auftrieb.
6. Möglichkeiten zur Belebung der früheren Heißluftschiff-Flugtechnik als Verkehrsmittel für den straßen- und schienenlosen Individualverkehr der Zukunft.

So absurd, wie es zunächst scheint, ist eine Auseinandersetzung mit dem Thema Nummer sechs durchaus nicht. Ein modernes Heißluftschiff ist mit einem Materialeinsatz von unter 200 Kilogramm als Massenerzeugnis unter Ansatz des spezifischen Preises von heutigen Kraftfahrzeugen von etwa 20 Mark pro Kilogramm für unter 10000 Mark herstellbar. Es kann nicht abstürzen wie ein Flugzeug, weil es in der Luft »schwimmt«, kann an jeder Stelle starten und landen, kennt keine Verkehrsampeln und Staus. Ein Zusammenstoß mit einem anderen Heißluftschiff führt kaum zu Verletzungen, weil hierbei der relativ große zeppelinartige Ballon als eine Art Luftpolster wirkt, der eine direkte Berührung zwischen den Lenkern der Heißluftschiffe und damit Verletzungen weitgehend ausschließt. Überschlägige Berechnungen zeigten, daß mit einer modernen Version eines Schwingflügel-Heißluftschiffs bei einem Kraftstoffeinsatz von unter zehn Liter je 100 Kilometer Fluggeschwindigkeiten bis 100 Stundenkilometer möglich sind. Da der direkte Luftweg immer kürzer als der verwinkelte Weg über Straßen ist, ergeben sich erheblich reduzierte Fahrzeiten. Die Technik der Heißluftschiffe ist relativ einfach. Bereits in wenigen Jahren könnten Serienerzeugnisse auf dem Markt sein.
Doch der Gesetzgeber wird eine solche Entwicklung un-

möglich machen. Mit einem Heißluftschiff kommt man überall hin, auch in abgesperrte Munitionsdepots oder Atomkraftwerksanlagen. Solange es bei uns noch Zäune, abgesperrte Gebiete und vom Zoll überwachte Landesgrenzen gibt, ist ein Individualverkehr mit Heißluftschiffen unvorstellbar.
Man könnte so etwas nur einer kleinen ausgewählten Elite von Menschen erlauben. Damit wären wir wieder bei den Zuständen auf unserer Erde vor etwa 2000–5000 Jahren, als es nur den »Göttern« möglich war, mit Heißluftschiffen am Himmel zu schweben.

11

Erster Einsatz von Cherubim zum Steinetransport

Um die Arbeitsweise der Cherub-Dampfmaschine leichter erklären zu können, reduzierte ich vorstehend die Darstellung auf der Raimondi-Stele unter Verzicht auf Wiederholteile auf die einfachste, zweiarmige Form. Wie Bild 21 zeigt, bleibt dann ein menschenähnliches Wesen mit schwingenden Armen übrig. Laut Vorzeitmythen vieler Völker stand dieser Cherub als Wächter vor verbotenen Orten, also dem Sitz der »Vorzeitgötter«. Ich bin der Meinung, diese einfachste Bauweise eines Cherubs stand ganz am Anfang der Maschinenbautechnik der Vorzeit. Doch welcher Anlaß bestand, quasi aus dem Nichts heraus Maschinen zu entwickeln, deren Arbeitsvermögen beim Vielfachen eines Menschen lag? Ein durchschnittlich konditionierter Mensch kann auf Dauer nur etwa 50 Watt leisten. Eine Cherub-Dampfmaschine kann es bis über 10000 Watt, also dem Leistungsvermögen von 200 Menschen, bringen. Dabei braucht sie einen Bruchteil der Stellfläche von 200 Menschen, die sich möglicherweise bei der Arbeit gegenseitig behindern. Bestand irgendwo und irgendwann in der Vorzeit die Notwendigkeit, solche Maschinen zu erfinden und zum Einsatz zu bringen, weil Menschenkraft zur Lösung anstehender Probleme nicht mehr ausreichte?
Ich lasse mich bei solchen Überlegungen von der uralten Erfahrung leiten: »Not macht erfinderisch!« Wenn alles in geregelten Bahnen im Wohlstand verläuft, besteht für kei-

nen Menschen ein Anlaß, mit viel Denkarbeit und körperlichem Einsatz etwas grundsätzlich Neues zu erschaffen. Wozu auch, wenn das »Neue« von niemand gebraucht wird?

In der Nacheiszeit gab es viel Not an allen Küsten, gleichgültig, ob am Atlantik, am Mittelmeer oder Persischen Golf. Überall stiegen im Gefolge des nacheiszeitlichen Abschmelzens des Polareises die Meeresspiegel an. Von etwa 10 000 v. Chr. bis heute beträgt der Anstieg an die 150 Meter. Es war ein relativ langsamer Vorgang. Noch um 7000 v. Chr. konnte man von Dänemark über die noch trocken liegende Doggerbank zu Fuß nach Mittelengland gelangen. Vor der großen Sturmflut von 1200 v. Chr. verlief die Küstenlinie an der Nordsee von Helgoland als Festland nordwestlich und lag die heutige Insel Sylt etwa 60 Kilometer landeinwärts. Bei solchen schlimmen Sturmfluten ging viel bislang fruchtbares Land und somit Siedlungsraum von Menschen verloren. Sicher haben sich seinerzeitige Menschen durch den Bau von Deichen und Dämmen dagegen zu wehren versucht. Man brauchte Steine, möglichst große, die an den bedrohten Küsten die Wellen von Sturmfluten brechen konnten. Solche Sturmfluten verliefen am Atlantik sicher schlimmer als im ruhigeren Mittelmeer. Doch auch hier stieg ständig der Meeresspiegel an. Eine ursprünglich vorhandene Meeresbrücke zwischen Nordafrika und der Insel Malta verschwand unter ihm.

Überall an den Küsten wird man versucht haben, solchen Landverlust zu verhindern. Doch Menschenkraft reichte kaum aus, um die für Wellenbrecher, Deiche und Dämme benötigten schweren Steine transportieren zu können. Aus dieser Not heraus entstanden als menschenähnliche, aber weit kräftigere Wesen die ersten Cherub-Dampfmaschinen. Wie sie möglicherweise an der Küste bedrohter Land-

Cherub-Steineschlepper

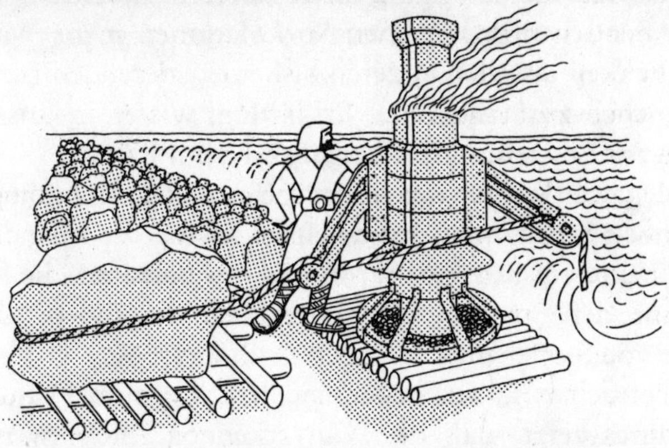

Bild 32: Einsatz eines Cherub als Steineschlepper zum Bau von steinernen Wellenbrechern an sturmgefährdeten Küsten. Durch den nacheiszeitlichen Anstieg der Weltmeere ging viel fruchtbares Land verloren. Sturmfluten rissen immer größere Lücken in die Küste. Dagegen mußten sich die Menschen wehren. Mit Menschenkraft waren die zum Wellenbrecherbau benötigten Steinblöcke kaum zu bewegen. Man brauchte Maschinenkraft. Die Cherub-Dampfmaschine konnte dieses Problem lösen.

striche als Steineschlepper eingesetzt wurden, versucht Bild 32 darzustellen. In bewährter Naturkopietechnik wählte man die Arbeitsweise von Armen und Händen von Menschen als Vorbild für das Transportieren von großen Steinen mit dem Seil. Während ein Arm unter Dampfeinsatz ausschwenkte und dabei ein Seil mit sich zog, verhinderte der zweite mitschwingende Arm das Zurückrutschen des gespannten Seils. In Ergänzung zu Bild 32 standen vermutlich Menschen hinter den Armen des Cherubs, und spannten nach jedem Armschlag das Seil neu in die Klemmvorrichtung der »Finger« ein. Das kostete Zeit, aber die hatte man damals. Wichtig war, daß statt einer Gruppe von 200 Menschen eine einzige Cherub-Dampfmaschine ausreichte, um einen tonnenschweren Steinbrocken von der Stelle zu bewegen.

Natürlich weiß ich, daß Vorstehendes alles nur Spekulationen sind, für die es bislang keine überzeugenden Beweise gibt. Aber ich ordne meinen Spekulationen mehr Wahrscheinlichkeit als allen anderen bisher existierenden zu. Sie ermöglichen zusätzlich eine Erklärung, wie es in unserer Vorzeit zur Entstehung der Megalith-Kultur kam.

Der Megaltih-Kultur zugehörig rechnen die Archäologen die großen Steintempel auf der Insel Malta, die Megalith-Monumente auf Korsika, Sardinien, den Balearen, die Riesensteine der Bretagne und schließlich die südenglische Anlage von Stonehenge.

Eine Betrachtung der bedeutendsten Megalith-Kulturen Alteuropas zeigt, daß diese unverkennbar nicht wenige östliche Züge und Elemente aufweisen. Es fällt schwer, an eine völlig unabhängige Entwicklung fast identischer Erscheinungen auf kultischem wie auf bautechnischem Gebiet im Orient und Okzident zu glauben. Wie dem auch sei, es ändert nichts an der Tatsache, daß die Megalith-Kultur im Westen, auf Malta und der iberischen Halbinsel, in Frankreich und England ihre gewaltigste und eindruckvollste Ausprägung erfuhr.

Bei der Datierung, wann die Megalith-Kultur entstand, gibt es unter den Gelehrten viel Streit. Laut neuen C 14-Radiokarbon-Methoden sei die ursprünglich für die Megalith-Kultur angenommene Datierung 3000–2000 v. Chr. nicht zutreffend. Es war früher. Man müsse mindestens 800 Jahre hinzurechnen. Die ersten Steintempel von Malta werden neuerdings sogar einer Zeit vor 4500 v. Chr. und die ersten Ganggräber der Bretagne um 4000 v. Chr. zugeordnet. Stonehenge in England sei hingegen viel später, zwischen 2500–1800 v. Chr., entstanden. Ich kenne sowohl das prähistorische Rundheiligtum von Stonehenge wie auch die Tempelanlagen der Inselgruppe von Malta per Augenschein. Unvoreingenommen würde ich Malta als jünger als Stonehenge einstufen. Ich habe den Verdacht, hinter dem für Malta genannten Jahr für die Entstehung dortiger Megalith-Tempel verbirgt sich wenig Wissenschaftliches, sondern eher das Bestreben von Touristik-Managern, die Malta-Tempel weltweit als älteste Megalith-Anlagen zu bezeichnen, um viele Touristen anzulocken. Ich kann die neuesten Datierungen der Archäologen genausowenig glauben, wie ich mich nicht ihrer Meinung anschließen kann, auf der Raimondi-Stele sei das schreckeinflößende Raubkatzengesicht der Chavin-Gottheit dargestellt.

Mit meinen Zweifeln an der Richtigkeit neuer C 14-Radiokarbon-Datierungen bin ich nicht allein. Auch viele gestandene Archäologen halten es nicht für richtig, Ereignisse aus der Zeit früher als 1500 v. Chr. um bis zu 1000 Jahre weiter in der Vergangenheit anzusiedeln. Damit gehen viele bisher als bewiesen geltende Wechselbeziehungen zwischen den Völkern und ihren Kulturen verloren. Nach meiner Auffassung sollte man die Megalith-Kulturen Westeuropas und des Mittelmeerraumes in der Zeit zwischen etwa 3000–2000 v. Chr. belassen. Das wäre etwa zeitgleich mit anderen Bauten, bei denen riesige Steinmengen zum Einsatz kamen, wie zum Beispiel beim Bau der Pyramiden von Cheops, Chephren und Mykerinos in Ägypten zwischen 2600–2480 v. Chr.

Die primäre Ursache zur Erfindung und Entwicklung erster Cherub-Dampfmaschinen sehe ich in der Herausforderung an die Menschen, ihre durch die Nacheiszeit gefährdeten Küsten gegen Sturmfluten durch große Steine zu schützen. Für diesen Zweck gelangten auch die ersten Cherub-Maschinen tatsächlich in Einsatz. Nachdem man den Bau der Maschinen im Griff hatte, stand einer Art Serienfertigung solcher Maschinen wenig im Weg. Serie darf nicht mißver-

standen werden. Vermutlich gelang es den Handwerkern in typischen Industriezentren, im Monat höchstens einen einzigen Cherub zu fabrizieren. Das führte schließlich zu einer Art Wettlauf der Reichen und Mächtigen auf unserer Erde, in den Besitz einer solchen Maschine zu gelangen. Sie war für die damalige Zeit unermeßlich teuer, weil sie nur in begrenzten Stückzahlen gefertigt wurde und ferner vermutlich ein einziger Betrieb das Monopol zur Fertigung der Maschinen besaß. Um zu demonstrieren, wer ein wirklich reicher Herrscher mit Beziehungen zum Hersteller der Maschinen war, errichtete er in seinem Einflußbereich die aus riesigen Steinen, die kein Mensch transportieren konnte, aufgebauten Tempel und Kultanlagen.
Cherub-Maschinen ließen sich nicht mehr aus dem seit etwa 7000 v. Chr. bekannten, viel zu weichen Kupfer bauen. Es ging nur mit härterem Material. Die seinerzeitigen Ingenieure haben daher vermutlich gefordert: »Wir brauchen härteres und zudem leicht in Formen gießbares Metall!« Bevor aber seinerzeitige Metallurgen sich daran machten, ein solch neues Material zu suchen, werden sie gefragt haben, wie groß denn der »Markt« für ein solches neues Metall sei. Anstrengungen lohnen sich ja erst dann, wenn sie hinterher honoriert werden.
Natürlich kann auch nicht ausgeschlossen werden, daß der Zufall bei der Entstehung von Bronzelegierungen mitspielte. Vielleicht ist in einer Erzverhüttungsgrube, zum Beispiel in Südspanien, in eine Kupferschmelze ungewollt Zinn hineingeraten. Danach war man erstaunt, daß das aus dieser Schmelze entstandene Teil viel härter war als aus bisherigem Kupfer. Eine Streitaxt aus Bronze erwies sich als ähnlich hart und einsatzfähig wie die bisherigen Beile und Äxte aus behauenem Feuerstein. Wir sind leider nicht in der Lage, nachzuvollziehen, wie es in Wirklichkeit zur Erfin-

dung von Bronze kam. Auch wann das geschah, läßt sich mit heutigen Datierungsverfahren nicht sicher sagen.
Die längsten Erfahrungen in der Metallverarbeitung lagen, sofern die zur Zeit vorliegenden historischen Überlieferungen zuverlässig sind, in Anatolien vor. Schon um 6400 v. Chr. gab es im dortigen Catal Hüyük Metallschmelzöfen und Schmiedewerkstätten. Im Gegensatz zu Mesopotamien und Ägypten mit ihren fruchtbaren Gebieten in den großen Stromtälern konnte sich jedoch in dem von Gebirgszügen zerklüfteten Anatolien erst im 2. Jahrtausend eine Hochkultur, die der Hetiter, entwickeln.
Saßen in Anatolien die Ingenieure, die den ersten Cherub bauten? Wir wissen es nicht. Angeblich wurde bisher nirgendwo etwas gefunden, das sich als Bauteil eines Cherubs zum Beispiel in Form einer fingerschnalzenden Hand oder eines Dampfkessels deuten ließe. Oder schlummern solche Teile, weil sie nicht publikumswirksam sind, in den Abstellkammern unserer Museen?
Vermutlich so zwischen 3300–3000 v. Chr. begann in Anatolien die Bronzezeit. An anderen Stellen war es um Jahrhunderte später. Bisher meinte man, die in Anatolien verarbeitete Bronze entstamme einheimischen Erzgruben. Wie die Zeitung »Die Zeit« vom 18. Mai 1990 in einem Bericht »Ex occidente lux« richtigstellte, haben sorgfältige Untersuchungen ergeben, daß es in Anatolien das zur Herstellung von Bronze benötigte Zinn gar nicht gab. Man nimmt nunmehr an, daß die Zinnbronze dort erfunden wurde, wo Kupfer- und Zinn-Lagerstätten nebeneinander existierten. Es gibt mehrere solche Regionen in Europa, in erster Linie in Südspanien, Sardinien und im sächsischen Erzgebirge. Da alte Bronzen regelmäßig etwas Blei enthalten, läßt deren Zusammensetzung Rückschlüsse auf die Herkunft zu. Nach diesen Blei-Isotopen-Spuren kam das Metall der frühesten

Bronzen des ostmittelmeerischen Kulturraumes zunächst aus Spanien und dann aus Sardinien. Mit großer Wahrscheinlichkeit stammt die technische Revolution der Bronzeerfindung eher aus dem Westen als aus dem Osten.
Wenn ich in meinen Darlegungen die an der Entwicklung der Cherub-Maschine beteiligten Menschen als Ingenieure und somit Kollegen anspreche, so deshalb, weil im englischen Sprachgebrauch ein Mensch, der sich mit Maschinen, also »engines« befaßt, dort »engineer« genannt wird. Allerdings ist die Vorstellung irreführend, daß in der Vorzeit die Ingenieure ihre Maschinen berechnen und konstruieren konnten, wie wir es heute tun. Es wurde »gebastelt« und »gepröbelt« und so lange ein Versuchsmodell verändert, bis es die erhofften Eigenschaften zeigte. Dazu war eine beachtliche Kreativität und Intelligenz erforderlich, die nicht jeder besaß. Die Art des »Pröbelns« was bis ins späte Mittelalter, also bis vor etwa 400 Jahren, das einzig mögliche Verfahren zur Entwicklung von neuartiger Technik. Auf diese Art entstanden unter anderem erste Wasserräder, Hammerwerke oder Windmühlen. Aus den jeweils aufgetretenen Fehlern lernte man und brachte bei einem Nachfolgemodell Verbesserungen an. Das war kein dynamischer, sondern ein recht langsamer Weg für technische Weiter- und Neuentwicklungen. Aber es drängte ja niemand wie heute die Ingenieure, immer schneller etwas Neues zu entwickeln, damit das eigene Unternehmen, bevor die Konkurrenz auf dem Markt ist, guten Umsatz machen kann.
Daß es eines äußeren Anlasses bedurft hat, um von der vorherigen Stein- und Kupfertechnik auf die Bronzetechnik umzusteigen, steht für mich außer Frage. Von nichts geschieht nichts. Wir haben in den letzten Jahrzehnten einen ähnlichen dramatischen Schub erlebt, um in eine neuartige Werkstofftechnik einzusteigen. Am Anfang stand die in den

Forschungslaboratorien erarbeitete Erkenntnis, daß unter Einsatz von hochreinem Silizium sich elektronische Halbleiter wie Transistoren herstellen lassen, die den Weg zu völlig neuartigen Produkten wie zum Beispiel kleinen, äußerst leistungsfähigen Computern öffnen. Ein viele Milliarden Mark schwerer Weltmarkt zeichnete sich am Horizont ab, vorausgesetzt, es gelang, hochreines Silizium kostengünstig und in ausreichenden Mengen herzustellen. Das Ausgangsmaterial für Silizium ist billig und in riesigen Mengen in Form von Quarz oder Sand auf der ganzen Erde vorhanden. Doch aus diesem Silizium-Dioxid durch Reduktion sauberes Silizium herzustellen, ging nicht mit den bislang bekannten Verhüttungsverfahren. Erst mit Hilfe neuer Verfahren, wie zum Beispiel dem Zonenschmelzen im starken Hochfrequenzfeld, wurde ein entscheidender Durchbruch erzielt. Wieviele Milliarden Mark weltweit aufgewendet werden mußten, um inzwischen die benötigten großen Mengen an hochreinem Silizium für die Halbleiterindustrie liefern zu können, dürfte wohl für immer unbekannt bleiben. Es ging alles sehr schnell. Binnen etwa zehn Jahren wurde der für unsere Zukunft sehr bedeutsame Einstieg in die Siliziumtechnik geschafft. Obwohl fortlaufend die Fertigungskapazitäten erweitert wurden, gibt es bereits Lieferengpässe, die durch die ständig expandierende photovoltaische Solartechnik bewirkt werden.

Im Gegensatz zum heutigen Einstieg ins Silizium-Zeitalter wird der Übergang in die Bronzezeit vermutlich um 3300 v. Chr. ein Prozeß gewesen sein, der mehrere Jahrzehnte, wenn nicht sogar Jahrhunderte, gedauert hat. Zunächst blieb das Wissen über die neue Bronzetechnik auf eine einzige Fertigungsstätte konzentriert. Auch damals schon sicherte man sich bei einem erreichten technischen Fortschritt durch strenge Geheimhaltung gewinnbringende

Marktmonopole. Die Hetiter waren nicht nur in der Bronze-, sondern weit später noch in der Eisenzeit auf dem Gebiet der Metallurgie weltweit überlegene Geheimnisträger. Erst als um 1200 v. Chr. durch den Einfall der »Seevölker« das Hetiterreich zerschlagen wurde, gelangten die Jahrhunderte zurückreichenden Kenntnisse über die hervorragende anatolische Eisenverarbeitungstechnik durch auswandernde Hüttenleute und Ingenieure in den angrenzenden Mittelmeerraum. Dort waren es insbesondere die Philister vor der Haustür Israels, welche die Tradition der Anatolier fortführten.

Wann und wo die erste Cherub-Maschine hergestellt wurde, wird man wohl nie mit Sicherheit in Erfahrung bringen können. Was ihren ersten praktischen Einsatz anbelangt, so liegt die Annahme nahe, daß dies an besonders sturmbedrohten Küsten wie zum Beispiel am Atlanik der Bretagne geschah. Da schon vor 3000 v. Chr. der Boots- und Schiffbau sehr fortschrittlich war, wie Funde beweisen, kann es kein Problem gewesen sein, die im Mittelmeerraum oder angrenzenden Anatolien gefertigten Cherubim auf dem Wasserweg zum Beispiel in die Bretagne oder nach Südengland zu bringen. Selbstredend war es für die damals im Umgang mit Dampfmaschinen völlig unerfahrenen Menschen recht schwer, deren richtige Bedienung und Wartung zu erlernen. Dazu bedurfte es zunächst viel Übung. War möglicherweise die große Ansammlung aufrecht stehender großer Steinblöcke von Alignements du Menec, Carnac in der Bretagne nichts anderes als ein Ort, an welchem der Umgang mit der neuartigen Cherub-Technik beim Transport und Aufrichten sehr großer Steine erlernt wurde?

Über die Art und Weise, wie in unserer Vorzeit die Menschen der Megalith-Kultur die tonnenschweren Steinblöcke transportieren konnten, macht man sich seit vielen Jahren Gedanken. Ganze Bücher sind schon über dieses Thema geschrieben worden, um das Rätsel zu lösen. Es ging immerhin um Steinkolosse von bis zu über 350 Tonnen Gewicht, wo auch wir mit unserer modernen Technik erst einmal nachdenken müssen, mit welchem Transportmittel man einen solchen Brocken von der Stelle bringen kann. Als Beispiel für Überlegungen, wie man sich vorstellt, wie mit Menschenkraft zum Beispiel die Steinkolosse von Stonehenge transportiert und aufgerichtet werden konnten, diene Bild 33. Es ist dem Buch »Bildatlas der frühen Kulturen« entnommen.

War es wirklich so oder möglicherweise ganz anders? Die Funde beweisen, daß die Megalith-Kultur sich ähnlich einer Seuche in der Zeit um und nach 3000 v. Chr. im Mittelmeer- und westlichen Atlantikraum an vielen, fast ausschließlich aber küstennahen Orten ausbreitete. Das kann eine Art »Modeerscheinung« gewesen sein, wobei die seinerzeit Mächtigen und Reichen ihre Überlegenheit über das einfache Volk demonstrieren wollten. Falls mit Menschenkraft unter Nutzung sehr vieler runder Baumstämme zum Abrollen die Riesensteine der Megalith-Kultur transportiert wurden, bedurfte es des Einsatzes sehr vieler Menschen und von Organisationsstrukturen, die den gezielten Einsatz von Menschenkraft koordinierten. Das soll gemäß den vorgefundenen Steindenkmälern an ganz verschiedenen Orten, auf den Balearen, auf Malta oder in Stonehenge überall gleich gut funktioniert haben? Hieran kann ich nicht glauben. Es fehlt das überzeugende Motiv für die große und rasche Verbreitung der Megalith-Kultur.

Ich neige zu der These, daß die erstmalige Verfügbarkeit von Cherub-Dampfmaschinen den Rausch auslöste, riesige Steinblöcke weit weg zu transportieren und zu Monumen-

Bisherige Vorstellung über Errichtung der Stonehenge-Anlage

Bild 33: Das Aufstellen der großen Steinblöcke in Stonehenge in Südengland. Dies muß sich als nahezu genauso schwierig erwiesen haben wie ihr Transport. So heißt es im Fachbuch »Bildatlas der frühen Kulturen«, dem obige Darstellung nachempfunden ist. Es scheint, daß man zunächst eine Fundamentgrube aus dem Kreidefelsen aushub. Die Sandsteinblöcke wurden sodann auf Rollen so weit an die Grube geschoben, daß sie

ten aufzurichten. Es war damals so ähnlich wie am Anfang unseres 20. Jahrhunderts, als die ersten Automobile auf den Markt kamen. Sie waren anfangs so teuer, daß sie sich nur wenige Reiche leisten konnten. Aber sie waren praktisch dazu gezwungen, sich ein Auto zu kaufen, wenn sie ihren Reichtum in aller Öffentlichkeit überzeugend demonstrieren wollten. So blieb den Reichen und Mächtigen der Vorzeit auch nichts anderes übrig, als auf dem Markt die ersten Cherubim käuflich erworben werden konnten, sich ihrer zu bedienen und mit ihrer Hilfe Reichtum, Macht und Überlegenheit gegenüber Untergebenen und Rivalen zu demonstrieren. Ein Teil der erworbenen Cherubim stand fortan als schreckeinflößender Wächter vor den Herrschersitzen der Wohlhabenden, mit einem anderen Teil schuf man sich die steinernen Monumente der Megalithzeit.

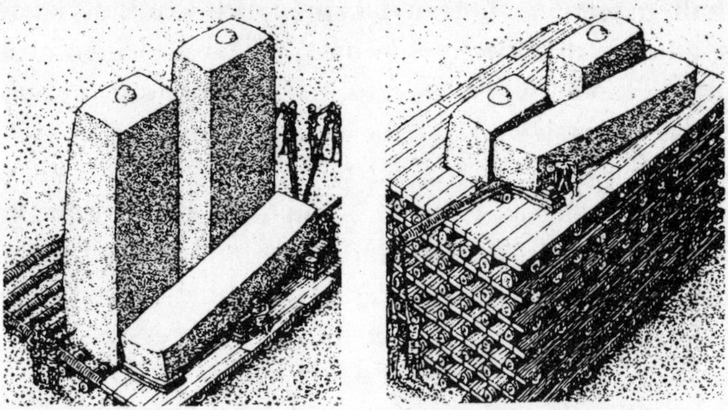

darüberragten und, am Ende angehoben, in sie hineinkippten. Schließlich zog man die Steine mit Hilfe von Arbeitsgruppen in die Senkrechte. – War es wirklich alles Handarbeit, wie es hier geschildert wurde, oder stand seinerzeit bereits hilfreich eine Cherub-Dampfmaschine mit ihrem über hundertfachen Leistungsvermögen eines Menschen zur Verfügung?

Nicht jedermann hatte den Zugang zum Erwerb von Cherubim. Dazu mußte man schon einer bestimmten Gruppe angehören und von entsprechendem Adel sein. Daß es seinerzeit eine besondere Auszeichnung war, im Besitz eines Cherub zu sein, können wir dem Alten Testament entnehmen. In ihm wettert der Herr Israels gegen den König von Tyrus (A. T. Ez 28,1–19):

»So spricht Gott, der Herr: Dein Herz war stolz und du sagtest: Ich bin ein Gott, einen Wohnsitz für Götter bewohne ich mitten im Meer. Doch du bist nur ein Mensch und kein Gott, obwohl du im Herzen geglaubt hast, daß du wie Gott bist. – Du warst ein vollendet gestaltetes Siegel von Weisheit und vollkommener Schönheit. – Im Garten Gottes, in Eden, bist du gewesen. – Einen Cherub mit ausgebreiteten schützenden Flügeln gesellte man dir bei. Auf dem

heiligen Berg der Götter bist du gewesen. Zwischen den feurigen Steinen gingst du umher. – Ohne Tadel war dein Verhalten, seit dem Tag, an dem man dich schuf, bis zu dem Tag, an dem du Böses getan hast. – Durch deinen ausgedehnten Handel warst du erfüllt von Gewalttat, in Sünde bist zu gefallen. – Darum habe ich dich vom Berg der Götter verstoßen. Aus der Mitte der feurigen Steine hat dich der schützende Cherub verjagt. – Du hast durch gewaltige Schuld, durch unredliche Handelsgeschäfte deine Heiligtümer entweiht. – All deine Freunde unter den Völkern waren entsetzt über dich. Zu einem Bild des Schreckens bist du geworden. Du bist für immer dahin.«
Was waren das für unredliche Handelsgeschäfte, welche der Herr Israels dem König von Tyrus so heftig vorwirft? Wir wissen aus der Zeit des König Salomo, daß er sich aus Tyrus die Ingenieure und Handwerker zum Bau der Tempelgerätschaften holte. Sie kannten sich in allem, was mit der Cherub-Technik zu tun hatte, erstaunlich gut aus. Das schlimme Vergehen des Königs von Tyrus bestand nun offensichtlich darin, daß er mit dieser Cherubtechnik weltweit Geschäfte machte, so eine Art Handelsagentur für moderne Cherubim betrieb. Damit gab es keine Geheimnisse mehr, welcher überlegenen Technik sich die seinerzeitigen Vorzeitgötter zu ihrer Machtausübung bedienten. Der König von Tyrus hatte sich aus Geschäftstüchtigkeit zum schlimmen Verräter der Kaste der Regionalgötter entwikkelt und damit eine Art »Götterdämmerung« im Vorderen Orient ausgelöst. Kein Wunder, daß darüber sich damals der Herr und Gott Israels so schrecklich empören mußte.

12

Das Zeitalter der Götter

Die Drohrede des Herrn und Gottes Israels gegen den König von Tyrus, die der Prophet Ezechiel um 580 v. Chr. niederschrieb, ist kennzeichnend für das Ende der Götterherrschaft. Es war die Zeit der Zerstörung Jerusalems durch die Babylonier. Dies geschah im Einvernehmen zwischen dem bisherigen Herrn und Gott Israels mit dem König Nebukadnezar aus Babylon. Er zerstörte nicht nur Jerusalem, sondern auch Tyrus. Damit war der Frevel des Königs von Tyrus gesühnt.

Fortan hatten keine Götter mehr im Vorderen Orient das Sagen. Die Macht lag bei den Königen und großen Feldherrn. Nirgendwo finden sich noch Hinweise auf die »Himmlischen Heerscharen des Herrn«. Dessen »Wolke« und seine »Cherubim« werden zu Fremdwörtern, mit denen keiner mehr etwas anzufangen weiß. Dies hielt bis zur Gegenwart an. Wenn wir das Ende der letzten Vorzeitgötter im 6. Jahrhundert v. Chr. annehmen, so stellt sich die Frage, wann auf Erden deren Herrschaft begann.

Nach der jüdischen Zeitrechnung erfolgte die Schöpfung der Welt im Jahre 3760 v. Chr. Was uns im Alten Testament über Adam und Eva, die Gottessöhne, die sich mit Menschentöchtern eingelassen hatten, die Sintflut und den Turmbau zu Babel berichtet wird, kann logischerweise erst später als 3760 v. Chr. erfolgt sein.

Im Kalender der Mayas ergibt sich für das Datum Null, also

den Tag, an dem die »Zeit« begann, der 11. August 3114 v. Chr. Diese Festlegung trafen die Mayas während der Hochblüte ihrer Kultur zwischen 300–900 *nach* Chr. Es ist und bleibt rätselhaft, warum die Mayas den Beginn der Zeit auf das Jahr 3114 v. Chr. legten.

In Ägypten begann die sogenannte Frühzeit mit zum Teil uns überlieferten Baudenkmälern um 3200 v. Chr. mit der 1. Dynastie.

In Mesopotamien hatte die Baukunst der Uruk-Kultur bereits bemerkenswerte Denkmäler hervorgebracht. Doch keins vermochte die in Ägypten um 2600 v. Chr. erschaffenen großen Pyramiden zu übertreffen. Die klassische Liste chinesischer Herrscher beginnt mit dem Jahr 2852 v. Chr. Am Anfang der Liste stehen die »Drei Urkaiser«. Ihnen folgen die »Fünf Herrscher«, Gestalten rein mythischen oder legendären Charakters. Um 1500 v. Chr. taucht in China eine fortgeschrittene Bronzetechnik urplötzlich auf, ohne daß ein älteres und einfacheres Stadium sie angekündigt hätte. Die Städte Chinas wurden die Hochburgen der herrschenden Klasse, die das Monopol der Bronzebearbeitung und damit die Herstellung überlegener Waffen in ihren Händen hatte.

Auch um etwa 1500 v. Chr. dringen aus dem Norden Arier ins Industal ein, das zu dieser Zeit bereits auf einer erstaunlich hohen Kulturstufe stand. Die Götterwelt der Eindringlinge war ähnlich wie die der Griechen beschaffen. Man verehrte den Himmelskönig Varuna. Es kam über Indien zu kriegerischen Auseinandersetzungen. Sie werden in den älteren Büchern der Rigweda geschildert. Dort finden sich auch Berichte über regelrechte Luftkämpfe unter Einsatz von Vimanas, der indischen Version von cherubbetriebenen Heißluftschiffen.

Um 1250 v. Chr. führt der Gott Jahwe Krieg aus der Luft

gegen die Ägypter, die den auswandernden Israeliten nachzusetzen versuchen.
In der Zeit um 800 v. Chr. entsteht in über 3000 Meter Höhe in den Anden Perus ohne Vorgeschichte eine bislang unbekannte Kultur, die von Chavin de Huantar. Dort finden sich Beweise für hervorragende Kenntnisse über die Bauweise und Funktion von Cherubmaschinen, deren sich zuvor die Götter Eurasiens zur Machtausübung bedienten.
Vorstehende kurze Stichwortsammlung zeigt, daß die Zeit zwischen etwa 3000–600 v. Chr. voller Rätsel ist. Weltweit entstehen ohne Vorgeschichte neue Kulturen, als wären sie vom Himmel gefallen. Immer wieder finden sich in den Berichten über diese Kulturen Hinweise, daß sich die neuen Herrscher in der Bronzeverarbeitung auskannten und sich hierfür eine Art Monopol sicherten. Kennzeichnend für die urplötzlich entstehenden Kulturen ist ferner, daß die neuen Götter Anregungen mitbrachten, wie man aus Bildern Schriftzeichen und Wörter bilden und sie zum Beispiel in feuchten Tonplatten festhalten konnte. Die sich daraus entwickelnden Schriften sahen zwar in Indien oder China anders aus als die von Sumerern, Ägyptern und Kretern. Das hat vermutlich seine Ursache darin, daß die vom »Himmel kommenden neuen Kulturträger« eine so kleine Minderheit von Menschen darstellten, daß sie nur dann wirken konnten, wenn sie ihr Wissen mit dem vor Ort vorgefundenen Wissen und der Religion der dortigen Urbevölkerung kombinierten. So kam es auch, daß die rein technischen Darstellungen von Chavin de Huantar als Zugeständnis an die bisherigen Bewohner dieses Gebiets mit deren Puma- und Schlangensymbolen als ursprünglich religiöse Attribute verziert werden mußten. Auch bei der Christianisierung Germaniens mußten viele Zugeständnisse, zum Beispiel bei der Übernahme ursprünglich heidnischer Bräuche und

Feiertage, gemacht werden, damit der durch die Missionare verbreitete neue Glaube von der Bevölkerung akzeptiert werden konnte.
Wo in unserer Vorzeit die neuen Kulturträger erschienen, gab es bemerkenswerte Verbesserungen in der Landwirtschaft, zum Beipiel durch die Einführung neuer Getreidearten oder von Bewässerungssystemen. Es entstanden städtische Zentren mit Monumentalbauten und sie verbindende Straßen. Neue Religionen, die sich vom Anbeten steinerner Götzen oder heiliger Tiere abwandten und einen Gott oder eine Götterfamilie in den Vordergrund stellten, wurden geboren.
Wer künftig die bedingungslose Gefolgschaft von Untergebenen verlangte, wer angebetet zu werden forderte, waren Gott-Könige wie der Pharao oder schlichtweg Götter, denen jeweils ein Volk gehörte. Laut Altem Testament gab es 70 solcher Götter in der Vorzeit.
Doch wer waren diese Götter, und wie gelangten sie seinerzeit zu ihrer erstaunlichen Überlegenheit über die jeweils von ihnen regierte Bevölkerung? Auf jeden Fall scheinen sie über ein für ihre Zeit überlegenes Wissen verfügt zu haben. Sie kannten die Regeln für ein sinnvolles und friedliches Zusammenleben von Menschen. Es waren zum Beispiel die Zehn Gebote, die in vielerlei Form, aber stets mit den gleichen Grundinhalten, an viele Völker dieser Erde weitergegeben wurden.
Woher kamen die Götter? Welcher Rasse müssen wir sie zurechnen? Darüber erhalten wir unter anderem in den Berichten aus Indien einige Hinweise. Es waren Arier. Sie brachten ihre eigene Sprache, das Sanskrit mit, das mit vielen europäischen Sprachen verwandt war.
Ähnlich wie in Indien, dafür aber weit früher, drangen indoarische Volksstämme, vom Norden kommend, in Ana-

tolien ein. Sie trafen auf eine Bevölkerung, die durch Kontakte mit Mesopotamien bereits die Keilschrift kannte. Die Eindringlinge formierten sich und schufen das Reich der Hetiter, das von 1800–1200 v. Chr. in hoher Blüte stand. Kennzeichnend für die Hetiter ist, daß die Einwanderer Götterfamilien bildeten, die bei den Einwohnern ein hohes Ansehen genossen. Doch die Eingeborenen wußten, daß die Götter Menschen wie sie selbst waren, nur von anderer Rasse und einer Art Adel. Die Hetiter-Götter widmeten sich ganz besonders der vor ihrem Eintreffen in Anatolien bereits hochentwickelten Kunst der Metallverarbeitung. Sie nutzten sie zur Herstellung von Waffen, mit denen sie allen benachbarten Völkern weit überlegen waren.
Im Gegensatz zum Hetiter-Reich bestand andernorts wenig Klarheit darüber, ob Götter menschlichen Geblüts sind oder aus einer anderen Welt stammten. Der Mythos, Götter seien höhere Wesen als niedrige Menschen, wurde von den Göttern selbst verbreitet, um sich den notwendigen Respekt beim niederen Volk zu verschaffen. Immerhin verlangten sie von den Untergebenen beträchtliche Tribute, allein schon, um damit die Existenz der Götterfamilien zu sichern und ferner den technischen Apparat, dessen sich die Götter bedienten, bezahlen zu können. Dazu war es notwendig, daß das niedere Volk im Glauben an die Göttlichkeit ihrer Herrscher verankert wurde und damit niemals auf den Gedanken kam, gegen die Götter zu rebellieren.
Ein Wunder ganz besonderer Art setzte die untergebenen Völker immer wieder in Erstaunen: Die Götter konnten am Himmel fliegen und kamen meist auch vom Himmel, wenn sie in ihrer Stadt auf einem erhöhten Tempelbau oder auf einer mesopotamischen oder weit späteren mittel- und südamerikanischen Stufenpyramide landeten. Mehrere Götter verfügten im Gefolge über »Himmlische Heerscharen«,

über fliegende Götterboten oder »Engel«. Sie vermochten somit zugleich im Himmel wie auf Erden zu regieren. Noch heute beten wir Christen »Vater unser im Himmel« und siedeln damit Gott im Himmel an, von wo aus »sein Reich wie im Himmel so auf Erden kommen wird«. Die Wurzel unseres heutigen Vaterunsers ist somit im Glauben der Völker in einer Zeit zu suchen, die weit vor Christi Geburt, vermutlich zwischen 3000–1000 v. Chr., lebten.
In den früheren Kapiteln dieses Buches wurde bereits eingehend die Flugtechnik der Vorzeit-Götter beschrieben. Doch bevor das Fliegen gelang, gab es zunächst erst die relativ einfachen Cherub-Dampfmaschinen, die den Menschen bei Arbeiten, die viel Kraft erforderten, wie zum Beispiel beim Transport tonnenschwerer Steine, helfen konnten. Um solche Maschinen bauen zu können, bedurfte es unbedingt der Verfügbarkeit von härterem Metall als des bisher allein bekannten Kupfers. Es ist zu vermuten, daß der Zeitpunkt, an dem die erste Cherub-Maschine funktionierte, mit dem Beginn der Bronzezeit zusammenfällt. Nach heutiger Datierung müßte das um 3300 v. Chr. gewesen sein. Diese Zeit liegt wenig entfernt vom Jahr 3760 v. Chr., dem Datum, an dem nach jüdischer Zeitrechnung die Welt erschaffen wurde. Fällt dieses Datum möglicherweise mit dem Ereignis zusammen, an dem die erste, von Menschen geschaffene menschenähnliche Maschine, der selbsttätig Arme schwingende Cherub, ins Leben der Menschheit eintrat? Wenn dem so wäre, könnte ein jahrtausendealtes Mißverständnis im Alten Testament aufgeklärt werden. Wir modernen Menschen wissen ja, daß es Vorläufer heutiger Menschen bereits seit etwa zwei Millionen Jahren auf unserer Erde gibt und unsere Erde bereits vor über vier Milliarden Jahren erschaffen wurde. Handelt es sich bei dem im Alten Testament genannten Datum der Schöpfung der Welt vielleicht

nur um ein bedauerliches Mißverständnis? Es könnte darin bestehen, daß es zum Zeitpunkt der Niederschrift der Schöpfungsgeschichte, die vermutlich erst um 900 v. Chr. erfolgte, nicht mehr möglich war, zwischen einem wirklich lebenden Menschen und einer einem Menschen nachgebildeten Maschine zu unterscheiden. Im Alten Testament, Gen 1,26, heißt es: »Dann sprach Gott: Laßt uns Menschen machen als unser Abbild, uns ähnlich.« Kein Zweifel, der erste Cherub, wie ihn Bild 21 zeigt, war uns Menschen ähnlich und hatte in seiner Funktion den Menschen zum Vorbild. Fiel bei seinerzeitigen Vorzeitgöttern das Datum, an dem der Vorsatz »Laßt uns Maschinen nach unserem Abbild bauen« zur Wirklichkeit wurde, nach Umrechnung in unser heutiges Kalendersystem auf das Jahr 3760 v. Chr.? War es die Geburtsstunde der späteren Macht der Vorzeitgötter über viele Völker unserer Erde? Worin bestand diese Macht und Überlegenheit? Woher stammten die Götter?

Solange die menschenähnlichen Cherubim vornehmlich nur als Arbeitsmaschinen zu Lande eingesetzt werden konnten, waren die Gebiete zur Machtausübung durch die Vorzeitgötter auf die bereits von ihnen vorher beherrschten beschränkt. Die uns erhalten gebliebenen steinernen Dokumente der Megalith-Kultur geben uns Auskunft, wo anfangs die Vorzeitgötter zu Hause waren. Im Norden beginnend waren dies Stonehenge, die Bretagne, Südspanien, die Balearen, Korsika, Sardinien, Malta, aber auch Palästina.

Südspanien und Sardinien gelten als die Orte, an denen die ersten Bronzelegierungen erfunden wurden. Doch die Kunst, aus Bronze komplizierte Teile herzustellen, beherrschte man seinerzeit fast ausschließlich nur in Anatolien. Das Zinn, das es in Anatolien nicht gab, mußte aus Südspanien oder Sardinien herbeigeschafft werden. Möglicherweise kamen bereits von dort vorgefertigte Bronzebarren als Vormaterial. Die anatolischen Metallverarbeitungsbetriebe bezahlten als Gegenleistung die importierte Bronze mit von ihnen gefertigten Bronzeteilen, die zurück nach Sardinien oder Spanien geliefert wurden oder auf Kreta und Zypern komplettiert wurden. Ein wichtiger Ausfuhrhafen für anatolische Bronzeerzeugnisse war seinerzeit Troja. Die Ausgrabungen Heinrich Schliemanns legten eine bereits zwischen 3000–2200 v. Chr. existierende große befestigte Stadt frei. Sie war reich durch ihren Handel. Um die Stadt Troja gab es ständig Kriege. Warum? Hatte derjenige, der Troja besaß, den direkten Zugriff zu den von dort aus exportierten hochwertigen Bronzeerzeugnissen der Anatolier?

Neuere Theorien besagen, daß von Troja und dem dortigen Hinterland aus die ersten wirklichen Griechen die Ägäis durchquert und zu Beginn des 2. Jahrtausends das europäische Festland kolonisiert haben. Als oberster Gott der Griechen ist uns Zeus bekannt. Er zeugte in vielerlei Verwandlung eine große Zahl Kinder. Unter anderem verführte er in Stiergestalt die Tochter eines phönizischen Königs namens Europa und brachte sie, über das Meer schwimmend, auf die Insel Kreta. Dort feierten sie Vermählung. Europa gebar dem Zeus drei Söhne: Minos, Rhadamanthys und Sarpedon. Zeus überreichte ihr drei Geschenke: einen immer treffenden Speer, den schnellsten Hund der Welt Lailaps und Talos, den Bronzemann, der täglich dreimal um Kreta herumlief und die Eindringlinge verjagte. Schließlich wurde Europa die Gattin des kretischen Königs Asterios. Er adoptierte ihre Söhne als seine eigenen und setzte Minos zu seinem Erben ein.

Über Talos berichtet uns die griechische Mytholgie recht Interessantes. Er war als metallener Riese der letzte aus dem

Bronzegeschlecht. Seine Aufgabe war es, ständig die Insel Kreta zu umkreisen und auftauchende Eindringlinge zu verjagen. Dazu bewarf er ihre Schiffe mit Felsbrocken oder machte sich selber glühend heiß und schloß sie in seine Arme ein. Das Ende des letzten Riesen aus dem Bronzegeschlecht wurde durch Medea besiegelt, die mit Jason und seinen Argonauten auf der letzten Reise in Kreta an Land gehen wollte und daran zunächst durch den Talos gehindert wurde. Talos besaß eine einzige Vene, die vom Kopf bis zum Fuß lief und eine besondere Flüssigkeit enthielt. Unten war die Vene mit einem Stopfen verschlossen. Medea zog diesen Stopfen heraus, die Flüssigkeit lief aus, und Talos war nicht mehr zum Leben zu erwecken.
Wie es heißt, habe Hephaistos den Talos gebaut. Zeus habe ihn Europa geschenkt, damit die Insel Kreta vor Eindringlingen wirksam geschützt sei. Hephaistos war in der Götterwelt der Griechen der Gott des Feuers, der Schmiedekunst und aller Handwerker und Künstler, die für ihre Arbeit das Feuer brauchten. Hephaistos wird in den bildlichen Überlieferungen der Griechen als ein plumper, gutmütiger Gott dargestellt, der aber körperlich im Gegensatz zu anderen Göttern nicht als schön anzusehen war und zudem noch stark hinkte. Doch das Hinken war seinerzeit bei vielen wichtigen Handwerkern und Schmieden üblich. Die Götter, die auf die Hilfe ihrer Techniker und Handwerker angewiesen waren, hatten eine panische Angst davor, einer ihrer wichtigsten Männer könnte ihnen davonlaufen und möglicherweise seine Dienste einem verhaßten Rivalen anbieten. Um so etwas von vornherein zu erschweren, ließen die Götter ihren besten Technikern die Fußsehnen durchschneiden, so daß sie humpeln mußten und wenig Chancen hatten, sich zu Fuß von ihrem bisherigen Arbeitgeber zu entfernen. Diese humpelnden Techniker und Handwerker gab es nicht

nur bei den alten Griechen, sondern später auch bei den Germanen.
Nach der Sage war Hephaistos der Schöpfer von Automatenmenschen. Ein solcher war der auf Bild 21 dargestellte erste Cherub mit seinen schwingenden Armen. Aber war Hephaistos wirklich dessen Schöpfer? Interessant ist auf jeden Fall, daß man in der griechischen Mythologie Kenntnis von der seinerzeitigen Existenz von »Automatenmenschen« besaß. Ansonst war Hephaistos als einmalig genialer Tüftler und Handwerker ein sehr wichtiger Mann im Kreis der griechischen Götter. Ihm zu Ehren war auch der heute noch besterhaltene Tempel in Athen geweiht.
Doch zurück nach Kreta. Dort gab es eine weit fortgeschrittene Metallverarbeitungstechnik. Angeblich haben Daktylen, Abkömmlinge von Titanen, den Kretern den Gebrauch von Kupfer, Bronze und Eisen gelehrt. Mit dem Namen Kreta verbindet sich ein weiterer wichtiger Name aus dem Kreis der Ingenieure unserer Vorzeit. Es war Daidalos. Er war wegen Missetaten aus Athen verbannt worden und hatte auf der Insel Kreta beim König Minos Zuflucht gesucht. Übersetzt heißt »Daidalos« der »Einfallsreiche«. Das war er auch. Er baute dem König Minos das Labyrinth, um darin das Ungeheuer Minotaurus, halb Stier, halb Mensch, gefangen zu halten. Später fiel Daidalos wie zuvor bei den Athenern auch bei König Minos in Ungnade und wurde selbst im Labyrinth festgehalten. Hieraus konnte er nur auf dem Luftweg entkommen. Er baute sich und seinem Sohn Ikarus Flügel. Beiden gelang die Flucht aus Kreta. Doch Ikarus ging zu leichtsinnig mit den vom Vater gefertigten Schwingflügeln um und stürzte ins Meer. Daidalos, dem auch die Erfindung der mit Segeln vorwärts getriebenen Schiffe angedichtet wird, machte sich später am Hof des Königs von Sizilien mit vielerlei technischen Neuerungen

nützlich. Es wird auch behauptet, Daidalos habe die Pläne für den Bau der Pyramiden in Ägypten geliefert. Das müsse dann aber vor 2600 v. Chr. erfolgt sein. Rückwärts gerechnet, wäre dann der Beginn der Götterwelt um Zeus auf die Zeit um 3000 v. Chr. anzusetzen. Genaue Datierungen sind in der griechischen Mythologie kaum möglich. Bei den meist erst nach 800 v. Chr. erfolgten schriftlichen Aufzeichnungen wurden Vorzeitmythen und zeitgleiches Geschehen bunt durcheinandergebracht. So spricht man vom Einsatz von eisernen Waffen bei Helden, zu deren Lebzeiten Eisen mit Sicherheit noch nicht den Griechen bekannt war.
Kehren wir nochmals zum Talos, dem letzten Riesen aus dem Bronzegeschlecht, als Beschützer der Insel Kreta zurück. Er muß tatsächlich existiert haben. Im Gegensatz zu benachbarten Inseln oder dem Festland gab es auf der Insel Kreta in minoischer Zeit nirgendwo Mauern oder Türme, um sich gegen Feinde schützen zu können. Sie wurden bereits auf See vor Erreichen der Küste abgefangen. Der Talos lief nicht dreimal am Tag an der Küste rings um die Insel, wie es in einigen Sagen heißt. Das war allein im Hinblick auf die zerklüftete Steilküste im Süden der Insel technisch gar nicht möglich. Er umkreiste die Küste Kretas auf dem offenen Meer, flog also in der Luft mit der seinerzeit bekannten Heißluftschifftechnik. Wenn er dabei dreimal am Tag die Insel umkreiste, so ist es uns möglich, seine Geschwindigkeit zu berechnen. Kreta ist in Ost-West-Richtung etwa 260 Kilometer lang und bis zu 60 Kilometer breit. Bei einem Flug um die Insel über See wurde eine Strecke von etwa 700 Kilometern zurückgelegt, bei drei Umflügen am Tag somit über 2000 Kilometer. Das konnte kaum ein seinerzeitiges Cherub-Heißluftschiff ohne Nachtanken von Kraftstoff und Kesselspeisewasser schaffen. Es dürfte in etwa zutreffen, wenn wir für das Nachtanken und den

Wechsel der Besatzung etwa vier Stunden annehmen und diese vom 24 Stundentag als reine Flugzeit abziehen. Dann ergibt sich bei einer Tagesstrecke von 2000 Kilometer innerhalb von 20 Stunden für das Cherub-Heißluftschiff eine mittlere Reisegeschwindigkeit von etwa 100 Kilometer pro Stunde. Das sind Größenordnungen, die uns moderne Menschen sicher in Erstaunen versetzen. Falls der Talos Tag für Tag zur Bewachung der Insel Kreta im Einsatz war, legte er im Jahr eine Strecke von 730 000 Kilometer zurück. Das soll im Bronzezeitalter bereits möglich gewesen sein? Wie kläglich ist hierzu im Vergleich die Lebensdauer unserer modernen Autos. Entweder wurde in den Mythen über den Beschützer Kretas, den Talos, maßlos übertrieben, oder wir haben heutzutage eine falsche Technik.
In den Überlieferungen heißt es, der Talos sei der letzte aus dem Bronzegeschlecht gewesen. Andererseits wird im Zusammenhang mit dem Talos von Eisenpfeilen gesprochen, die er auf Eindringlinge abschoß. Eisen dürfte für die Schmiede auf Kreta aber kaum vor 1700 v. Chr. verfügbar gewesen sein. Dann war also der Talos noch in der mittelminoischen Zeit zwischen 2000–1700 v. Chr. im Einsatz und wäre das Ende der Reise der Argonauten auf die Zeit um 1700 v. Chr. zu datieren. Es gibt auch ganz andere Datierungen, die die Fahrt der Argonauten weit später annehmen. Es ist hoffnungslos, sich durch die verwirrenden Zeitangaben in der griechischen Mythologie hindurchzufinden.
Kehren wir nochmals zu der Schilderung zurück, daß Talos die Argonauten bei ihrer Annäherung an die Insel Kreta mit großen Felsbrocken bewarf. Medea setzte den Talos außer Gefecht, indem sie den Stopfen an seiner lebenswichtigen einzigen Vene herauszog. Was dabei herausfloß, war nach meiner Meinung das für die Funktion des »Letzten aus dem

Bronzegeschlecht« für das Überleben außerordentlich wichtige Schmieröl. Scheinbar fand sich seinerzeit niemand mehr, der sich mit der vorzeitlichen Cherub-Technik auskannte und durch Auffüllen neuen Schmieröls den Schaden beheben konnte. Fortan war die Insel Kreta ohne Schutz des Talos, was dazu führte, daß fremde Völker auf Kreta eindrangen und der bisher hochstehenden Kultur ein Ende bereiteten.

Ähnlich wie in Mesopotamien, Israel und bei vielen anderen Völkern gibt es in der griechischen Mythologie auch eine Sintflutsage. Zeus entschloß sich, wegen der Verruchtheit der Bronzegeneration, die Menschheit zu vernichten, heißt es. Anstelle von Noah und seinem Geschlecht sind es in der griechischen Mythologie Deukalion und Pyrrha, die nach neuntägigem Treiben ihres Schiffes die Sintflut überlebten.

Wie kommt es zu der Feststellung, daß Zeus die Bronzezeitgeneration als verrucht betrachtete? Zeichnete sich für die griechischen Götter dasselbe Dilemma wie beim israelitischen Regionalgott ab, daß die Götter immer mehr an Einfluß über die Menschen verloren, weil sich inzwischen die durch den Handel reich gewordenen Könige ähnlicher Machtmittel wie die der bisherigen Götter bedienten? War es der Verrat der bisher nur den Göttern bekannt gewesenen Technik, wie man am Himmel fliegen kann, an reiche Könige und Händler, wodurch die Götter in Bedrängnis gerieten? Immerhin bediente sich nicht nur Zeus selbst bei seinen meilenweiten Ausflügen des »Himmelswagens«, sondern auch andere aus der Schar seiner Götter. Eos, die Göttin der Morgenröte, fuhr mit einem zweispännigen Wagen, begleitet von ihrem Bruder Helios, jeden Tag durch den Himmel. Ihre Pferde waren Phaeton (der »Glänzende«) und Lampos (der »Helle«), Bezeichnungen, die uns bereits von Ezechiels Schilderungen von den Cherubim am Himmelswagen seines Gottes vertraut sind. Der Sonnengott Helios liebte seinen Sohn Phaeton so sehr, daß er ihm versprach, ihm jeden Wunsch zu erfüllen. Dieser wünschte sich, einen Tag lang den Sonnenwagen über den Himmel zu lenken. Vier Pferde waren vor den strahlend leuchtenden Wagen gespannt, und Phaeton ergriff die Zügel. Sein Vater hatte ihm genaueste Anweisungen gegeben. Doch einmal am Himmel, verlor der Jüngling den Kopf, und die Pferde gingen durch. Phaeton wurde immer unsicherer. Die Pferde tauchten hinab und verbrannten die Erde. Von den Zerstörungen alamiert, die Phaeton anrichtete, schleuderte Zeus einen Donnerkeil, der den Jüngling aus dem Wagen warf.

Weitere fliegende Wesen in der griechischen Götterwelt waren die Harpyen, die man sich als ungeheuer große Vögel vorstellte. Sie waren Diener des Zeus und hausten in einer Höhle des kretischen Berges Dikte.

Auffallend ist, daß uns die griechische Mythologie weit weniger konkrete Daten über die von Göttern eingesetzte Technik liefert als das Alte Testament. Schmutzige, harte Arbeit, womit sich Techniker und Handwerker befassen mußten, hatte bei den griechischen Philosophen und Schriftgelehrten einen sehr geringen Stellenwert. Folglich befaßte man sich mit solchen für durchgeistigte Menschen primitiven Dingen nur dann, wenn es unvermeidbar war.

Ganz anders verhielten sich die Gelehrten, die das Alte Testament in Palästina niederschrieben. In ihm findet sich eine fast erdrückende Vielfalt von technischen Beschreibungen und konkreten Maßangaben. Vermutlich hatte das unmittelbar mit der Redeweise und dem Fachwissen des Gottes von Israel zu tun. Er war offensichtlich in der Technik seiner Zeit zu Hause und gebrauchte zum Beispiel bei seinen Drohreden häufig rein technische Vergleiche, wie nachstehende Bibelstelle beweist (A. T. Ez 22,17–22):

»Das Wort des Herrn erging an mich: Menschensohn, das Haus Israel ist für mich zur Schlacke geworden. Sie alle sollten Silber, Kupfer und Zinn, Eisen und Blei im Schmelzofen sein. Doch sie sind Schlacke! Darum – so spricht Gott, der Herr: Weil ihr alle Schlacke geworden seid, werde ich euch mitten in Jerusalem sammeln. Wie man Silber, Kupfer, Eisen, Blei und Zinn im Schmelzofen zusammentut und darunter das Feuer anzündet, um alles zum Schmelzen zu bringen, so will ich euch in meinem Zorn und Grimm zusammentun, will ich euch in den Ofen legen und zum Schmelzen bringen. Dann erkennt ihr, daß ich, der Herr, meinen Zorn über euch ausschütte.«
War der Gott und Herr Israels Ingenieur? War seine Art der Herrschaft eine, die sich vornehmlich auf den Einsatz von überlegener Technik abstützte? War seine Herrschaft eine Art »Technokratie«, wie sie heute wieder sehr verbreitet ist? Vorstehende Darstellungen über die Götter des Mittelmeerraumes und des Vorderen Orients sind nicht vollständig. Dies würde ganze Bibliotheken füllen. Nachzutragen wäre vieles über die Götter Mesopotamiens. Auch die Sagen Nordwesteuropas enthalten Hinweise auf Götter, die seinerzeit fliegen konnten. So schufen die Schmiede in der germanischen Unterwelt, die Asen, ein zusammenfaltbares Schiff. Man konnte es bequem in der Tasche tragen. Es war für Freyr, den dritten wichtigen Gott der Germanen nach Odin und Thor, angefertigt worden. Freyr war der Sonnengott. Wenn er eine Reise durch das Luftmeer machen wollte, so breitete sich das zusammengefaltete Schiff wie eine mächtige Wolke aus, so daß ein ganzes Kriegerheer darin Platz fand. Das ist eine germanische Version zu den Überlieferungen über die »Himmlischen Heerscharen«. Bemerkenswert ist, daß uns in der erst vor etwa 1000 Jahren niedergeschriebenen

»Edda« der uns bereits aus dem Alten Testament bekannte Begriff »Wolke« als Pseudonym für einen leicht zusammenfaltbaren Heißluftballon erneut begegnet.
Sogar von den Südseeinseln gibt es Berichte über Götter, die mit einer »Wolke« am Himmel schwebten und dann landeten, manchmal auch nur, um im Wasser ein erfrischendes Bad zu nehmen. Weltweit gab es in der Bronzezeit zwischen etwa 3000–600 v. Chr. einen regen Luftverkehr. Doch was uns jetzt am meisten interessieren sollte, ist die Frage, wie das Wissen des Gottes des Alten Testaments über die Cherubim in allen Einzelheiten nach Südamerika gelangen konnte. Wer waren die Götter von Chavin de Huantar, die ihr großes technisches Wissen auf die Raimondi- und anderen dortigen Stelen in harten Granitstein ritzten? Warum machten sie das?

13

Amerika wurde 2400 Jahre vor Columbus entdeckt

Als es mir Anfang der achtziger Jahre gelang, auf der Raimondi-Stele die Cherub-Dampfmaschine zu entdecken und deren Funktion als übereinstimmend mit der Physik zu analysieren, war ich zunächst ratlos, wie ein derart wichtiges Dokument aus der Vorzeit Eurasiens nach Südamerika gelangen konnte. Ich suchte in Bibliotheken nach Fachliteratur, die zur Klärung des Rätsels beitragen konnten, doch fand ich nichts Brauchbares. Durch Zufall wurde ich auf ein 1980 neu erschienenes Buch mit dem rätselhaften Titel »Das Geheimnis des Drachenschwanzes« aufmerksam. Es war ein rein wissenschaftliches Buch, das von Professor Dr. Paul Gallez verfaßt war. Ihm lagen Untersuchungen zugrunde, die am Instituto Patogonico in Buenos Aires durchgeführt wurden. In der Danksagung des Verfassers für Mitarbeit werden über 30 meist hochkarätige Professoren genannt. Bild 34 zeigt, daß mit dem Drachenschwanz die südliche Spitze Südamerikas gemeint ist. Sie ist uns in ihren Einzelheiten erst seit Kartierungsarbeiten im 19. Jahrhundert bekannt.
Professor Dr. Paul Gallez, international bekannter belgisch-argentinischer Gelehrter, Direktor des Instituto Patagonico, gibt in seinem Buch einem alten Problem eine neue Wendung. Es war seit längerem bekannt, daß Südamerika auf Karten des 15. und 16. Jahrhunderts wie ein Ast aus einem Baum aus Südostasien herauswuchs. Dieser »Drachen-

Buchtitelzeichnung zu »Das Geheimnis des Drachenschwanzes«

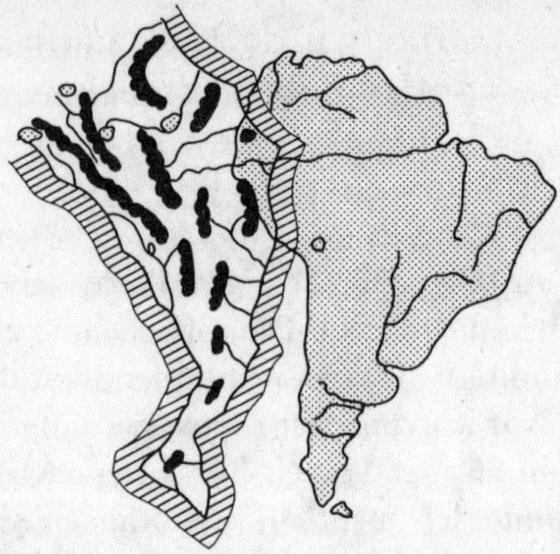

Bild 34: Die Titelzeichnung des Buches, in dem Professor Dr. Gallez beweist, daß Südamerika schon weit vor Columbus richtig kartiert wurde. Links wird ein wesentlicher Teil der Karte von Hammer mit eingezeichneten Flüssen und Bergen wiedergegeben. Rechts: Ausschnitt aus einer heutigen Karte von Südamerika.

schwanz« war bislang nie systematisch untersucht worden. Man sah in ihm eine vorübergehende fehlerhafte Darstellung, wobei ein Kartograph den Fehler vom anderen übernommen hatte.

Doch Professor Gallez nahm diese Kartenbilder ernst und bewies deren Realität. Seine Untersuchungen ergaben, daß Kartographen vor und nach Kolumbus weit mehr von Südamerika wußten als dieser, der den tropischen Subkontinent erst 1498 während seiner dritten Reise entdeckte. Wie war das möglich? Wie ist dieses kartographische Wissen schon weit vor Columbus nach Europa gelangt?

Wir stehen damit vor dem Problem, das in der Wissenschaftsgeschichte nicht unbekannt ist. Wir erkennen ein vorhandenes Wissen. Aber wir können uns zunächst nicht erklären, wie es zustande kommen konnte. Wer hat Südamerika weit vor Columbus entdeckt? Gibt es heute schon eine Möglichkeit, wenigstens Spuren solcher Entdeckungsreisen zu sichern?

Solche Spuren finden sich vorstehend in meinem Buch. Es müssen Zusammenhänge zwischen einer ursprünglich im Mittelmeerraum und Vorderen Orient heimischen Cherub-Technik mit deren späterer bildlicher Darstellung im Hochland Südamerikas bestehen. Die Zeit, in der das Wissen über diese Technik nach Chavin de Huantar kam, muß etwa zwischen 1000–800 v. Chr. gelegen haben.

Die ersten Entdecker des Doppelkontinents Amerika waren die Vorfahren der Eskimos und Indianer, die seit 40 000 v. Chr. über die Beringstraße aus Asien einwanderten. Auch ist bewiesen, daß die Wikinger von Island aus und an der Küste Grönlands entlang segelnd schon vor Columbus in Nordamerika waren. Doch erst durch die Tat des Columbus geriet die Entdeckung Amerikas richtig ins Bewußtsein Europas.

Seit längerem besteht der Verdacht, daß von Asien aus weit vor Columbus enge Kontakte zu Amerika bestanden. Es gebe zu viele Ähnlichkeiten zwischen den Hochkulturen der Indianer und denen des östlichen und südöstlichen Asiens, stellte bereits 1961 der Bonner Völkerkundler Professor Dr. Hermann Trimborn fest.

Nunmehr komme ich zusätzlich mit Ähnlichkeiten zwischen der Kultur und Technik von Chavin de Huantar mit der des Mittelmeerraums und Vorderen Orients, was die Situation nicht gerade einfacher macht.

Als Menschen, die wir inzwischen das Laufen weitgehend verlernt haben, begehen wir immer wieder den Fehler, die Entfernungen von Asien oder Europa nach Südamerika als unüberbrückbar zu halten. Dabei haben wir ganz vergessen, daß die alten Wanderbücher des 19. Jahrhunderts der

Die verschiedenen Wege nach Südamerika

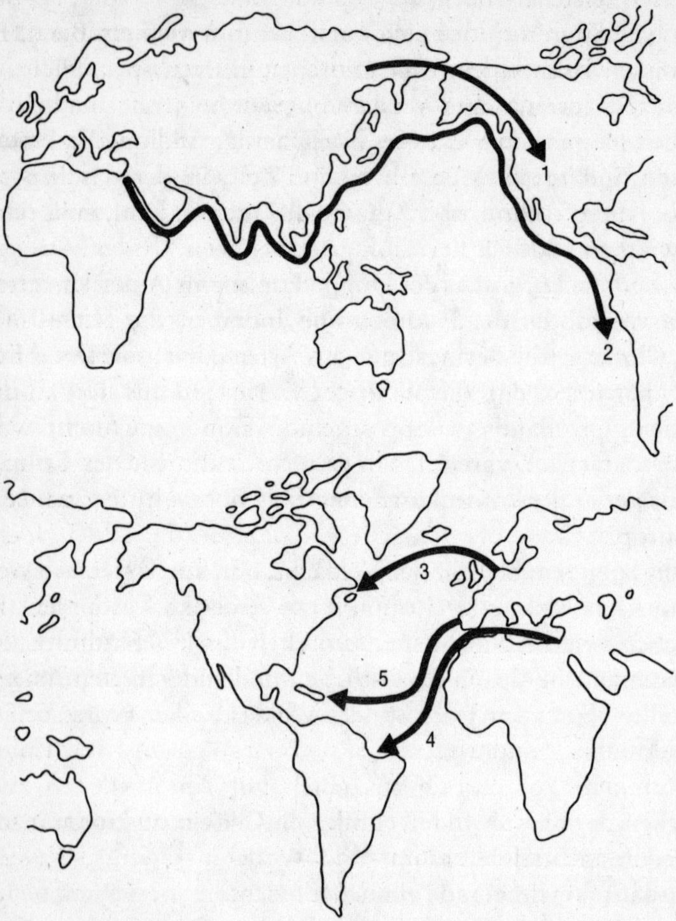

Bild 35: Die verschiedenen Wege nach Südamerika. Route 1: Der Weg früher Einwanderer aus Asien über die Beringstraße. Route 2: Die frühere Schiffsroute vom Roten Meer über China nach Südamerika. Route 3: Die Entdeckungsreisen der Wikinger. Route 4: Die heutige Westroute von Europa nach Südamerika. Route 5: Der Weg der ersten Reise von Columbus.

Handwerksburschen belegen, wie Entfernungen von mehreren tausend Kilometer für Menschen, wenn sie sich Zeit lassen, nicht unüberwindbar sind. Daher sollte man bei der Frage der Entdeckung Südamerikas mit weniger Vorurteilen das Problem der großen Entfernungen sehen.

Sieht man sich die Weltkarte an, so erkennt man zwei unterschiedliche Wege von Europa nach Südamerika, siehe Bild 35. Der eine Weg führt vom Roten Meer aus immer an der Küste entlang nach Arabien und China. Laut mehr oder weniger geheimen Berichten der Phönizier, die eine strenge Geheimhaltung aus rein kommerziellen Gründen pflegten, waren sie schon weit vor Christi Geburt bis zur chinesisch-pazifischen Küste vorgedrungen. Wenn Orientalen und Europäer vor Christi Geburt nach Arabien, Indien oder China kamen, so konnten sie von ihren Handelspartnern weit mehr erfahren, als es die Gelehrten ihres häuslichen Kulturkreises wußten. Somit konnten Erkenntnisse über neuentdeckte Gebiete unserer Erde, die den ostasiatischen Hochkulturen bereits bekannt waren, auch durch Vermittlung indischer und arabischer Geographen nach Europa gelangen. Jedenfalls war der berühmte Historiker Alexander von Humboldt voll von der Existenz sehr früher Verbindungen von Europa nach Asien auf der von der Natur vorgegebenen Straße vom Roten Meer aus über Arabien bis nach China überzeugt.

Wie aus Bild 35 oben ersichtlich, ist die Ostroute nach Südamerika reichlich lang. Doch sie führt ständig an Küsten und Inseln vorbei, an denen man sich orientieren und neues Trinkwasser an Bord nehmen kann. Die Westroute über den Atlantik ist wesentlich kürzer, führt aber von der Westküste Afrikas aus über Dakkar zur Ostküste Südamerikas bei Recife etwa 3500 Kilometer über das offene Meer. Für diesen Sprung übers Wasser sind heute Mittelstrecken-

Düsenflugzeuge zugelassen, die in etwa 4 Stunden den Atlantik überqueren. Doch für die Zeit vor 3000 Jahren war es eine recht abenteuerliche Schiffsreise von mehreren Wochen, während der man sich vornehmlich nach den Sternen orientieren mußte, um das Schiff auf dem richtigen Kurs zu halten.

Professor Gallez behandelt in seinem Buch auch die Frage, wie hochseetüchtig und wie groß die Schiffe waren, die damals die Meere befuhren. Er beruft sich unter anderem auf Strabon, der selbst in Ägypten die große Zahl von Schiffen gesehen habe, die nach Indien fuhren. Die ägyptischen Schiffe erreichten zuweilen bis 6500 Tonnen. Der jüdische Geschichtsschreiber Flavius Josephus (37–100 n. Chr.) spricht von Schiffen, die zusätzlich zur Schiffsbesatzung 600 Passagiere und Handelswaren mit sich führten. Das waren somit Schiffe, die in etwa die Größe hatten, die die Schriftgelehrten im Babylonischen Exil der Arche Noahs nachsagten. Wer hatte damals die Technik erarbeitet, um solche großen Schiffe bauen und sicher auf dem Meer manövrieren zu können? Wir sollten uns bemühen, unsere vorgefaßte Meinung über eine im Vergleich zu heute rückständige, primitive Technik in der Zeit vor Christi Geburt abzulegen.

Die ägyptischen oder phönizischen Schiffe, die im Norden des Roten Meeres abfuhren, mußten der traditionellen Reiseroute über Malabar, Tabrobana bis Zabai im nördlichen Borneo folgen. Von dort aus nutzte man die Winde, die zum Humboldtstrom vor Südamerika führten. Der Rückweg verlief unter Nutzung des Südäquatorialstromes bis Borneo und von dort wie auf dem Hinweg. Die Länge dieser Überfahrt beträgt ungefähr 39000 Kilometer für die Hinfahrt und 34000 Kilometer für die Rückreise, insgesamt also 73000 Kilometer.

Professor Gallez versucht in seinem Buch eine Berechnung der Reisedauer und beruft sich dabei auf Daten, die Herodot bei der Ermittlung der Länge und Breite des Schwarzen Meeres benutzte. Dabei kommt man als Mittelwert auf eine Strecke von 200 Kilometer, die damals ein Schiff während 24 Stunden bei Tag- und Nachtfahrt zurücklegen konnte. Auf dieser Grundlage entspricht die gesamte Reise von 73000 Kilometer einer tatsächlichen Reisedauer von 365 Tagen, also einem Jahr. Im Alten Testament bei 1. Kön 10,22 heißt es, daß die vom Roten Meer aus nach Ofir ausgelaufenen Schiffe des Königs Salomo in Zusammenarbeit mit den Phöniziern jeweils nach drei Jahren wieder nach Hause kamen. Danach verfügten die Reisenden über zwei Jahre für Zwischenaufenthalte zur Nahrungsaufnahme, zur Übernahme der Ladung in Ofir und für die unter Umständen durch Stürme und Schiffsreparaturen bedingten Zeitverluste. Diese Berechnung beweist, daß die Durchführung der Reise nach Südamerika, wo vermutlich Ofir lag, in drei Jahren den Möglichkeiten jener Zeit voll entspricht.
Damit ist auch die Möglichkeit gegeben, daß seit Bestehen der Reiseroute von Ägypten oder Palästina aus Menschen aus dem Vorderen Orient nach Südamerika übersiedeln konnten. Mit Sicherheit gelang dies zwischen 955–930 v. Chr., als König Salomo gemeinsam mit dem Phönizier Hiram von Tyrus einen regelrechten Linienverkehr vom Roten Meer nach Ofir, was vermutlich in Peru lag, unterhielt. Alle drei Jahre kam die Flotte der Phönizier unter Beteiligung von Ägyptern und König Salomos von dort zurück und brachte Gold, Silber und vieles andere mit, heißt es im Alten Testament und anderen alten Berichten.
Der Herr und Gott Israels bekam mit König Salomo und dem König von Tyrus zunehmend Schwierigkeiten, die schließlich zum völligen Zerwürfnis führten. Diese Ent-

wicklung war vorhersehbar, denn die beiden Könige waren inzwischen viel reicher und damit mächtiger als der mangels ausreichender Tributzahlungen verarmte Regionalgott Israels. In solchen kritischen Zeiten ist es immer gut, vorhandenes »Kapital« dort im Ausland zu deponieren, wo es dem Zugriff eines möglichen Gegners oder Rivalen entzogen ist. Ein wesentliches Kapital war seinerzeit das Wissen über die Cherub-Technik. Es war vermutlich auf beiden rivalisierenden Seiten vorhanden, nicht nur beim Gott Israels, sondern auch bei dessen König Salomo. Wer von den beiden Rivalen mit den Schiffen unter der Leitung der Phönizier die über die Cherub-Technik am besten informierten Menschen nach Südamerika schickte, wird sich wohl nie klären lassen. Ich vermute, es geschah im gegenseitigen Einvernehmen zwischen dem Gott Israels und König Salomo. Letzterer wollte sich keine Racheaktionen zum Beispiel wegen seiner verruchten Vielweiberei durch den Gott Israels einhandeln. Es ist immer der beste und einfachste Weg, um Racheakte eines möglichen Rivalen zu vermeiden, indem man ihm Wege zu neuen, ganz andersartigen Initiativen aufzeigt.
Nachdem die von Ofir zurückkehrenden Seeleute berichteten, daß es in Südamerika nicht nur Gold und Silber und eine Fülle von Nahrungsmitteln gab, sondern auch Eingeborene, die noch nichts von den in Ägypten und im Vorderen Orient bekannten und angebeteten Göttern wußten, konnte König Salomo dem Gott Israels eine verlockende Chance anbieten, sich in Übersee ein neues Volk zu suchen und es sich untertänig zu machen. Das Spiel der Machtergreifung der Vorzeitgötter, die in Europa und im Vorderen Orient mit dem Beginn der Bronzezeit um 3000 v. Chr. zusammenfiel, konnte etwa 2000 Jahre später erneut beginnen. Der neue Schauplatz war Südamerika.
Um Mißverständnissen vorzubeugen, erachte ich nachfol-

gende Erläuterungen für notwendig. Es ist nicht so, daß der Herr und Gott Israels selbst nach Südamerika ins Exil ging. Man sollte sich zunächst von der Vorstellung frei machen, daß es ein einzelner, alleinstehender Herr war, der so entscheidend in die Geschichte des Volkes Israel eingriff. Wir wissen zum Beispiel aus der Begegnung mit Jakob um etwa 1600 v. Chr. (A. T. Gen 32,23–33), daß der Herr und Gott Israels ein großes Heerlager unterhielt. Laut dem Bericht des Ezechiels gehörten zur näheren Umgebung des Herrn Techniker, die zum Beispiel das Heißluftschiff warteten, und Krieger, die auf Befehl des Herrn in Aktion traten. Vielleicht ist ein Vergleich der seinerzeitigen, vom Herrn und Gott Israels aufgebauten Organisationsstruktur für seine Mitarbeiter mit der einer größeren Missionsanstalt zutreffend. Für uns heute ungewohnt, aber für die damalige Zeit vermutlich notwendig, gehörten ihr eine größere Zahl guter Techniker, Handwerker, aber auch Krieger an.

Aus diesem Kreis enger Mitarbeiter wurden einige besonders tüchtige und für einen Einsatz in Südamerika gesundheitlich geeignete jüngere Leute ausgesucht. Sie werden eine Vielzahl von Niederschriften und Konstruktionsskizzen über die Cherub-Technik mitgenommen haben. Vermutlich gehörte zum Reisegepäck neben Kisten von Werkzeug auch die Ballonhaut eines Heißluftschiffs und eine komplette Cherub-Antriebseinheit. Mit einem solchen Heißluftschiff konnte man zunächst bei Ankunft in Südamerika erkunden, wo sich ein geeigneter Ort zur Ansiedlung und somit zur Neugründung einer Missionsanstalt in Südamerika finden läßt. Für die Mitnahme von viel Gerät auf einem Schiff nach Südamerika war ausreichend Platz. Im wesentlichen hatten ja die Fahrten nach Ofir den Zweck, viel Gold und anderes wertvolles Metall von dort zu holen. Die Hinfahrt hingegen erfolgte mit fast leeren Laderäumen der Schiffe.

Der Leiter und Oberste der palästinensischen Missionsanstalt ist mit großer Wahrscheinlichkeit in seiner Heimat verblieben. Das ergibt sich unter anderem aus einem Bericht, wie Jesaja aus Jerusalem (etwa 740–701 v. Chr.) vom Herrn zum Propheten berufen wurde. Dieser berichtet hierüber (A. T. Jes 6,1–7):

»Im Todesjahr des König Usija sah ich den Herrn. Er saß auf einem hohen und erhobenen Thron. Der Saum seines Gewandes füllte den Tempel aus. Serafim standen über ihm. Jeder hatte sechs Flügel. Mit zwei Flügeln bedeckten sie ihr Gesicht, mit zwei bedeckten sie ihre Füße, und mit zwei flogen sie. Die Türschwellen bebten bei ihrem lauten Ruf, und der Tempel füllte sich mit Rauch. Da flog einer der Serafim zu mir. Er trug in seiner Hand eine glühende Kohle, die er mit einer Zange vom Altar genommen hatte.«

Im Kommentar der Bibel heißt es hierzu ergänzend: »Serafim (= die Brennenden) bilden als himmlische Wesen den Hofstaat Gottes. Sie werden als Mischwesen mit Schlangengestalt, Gesicht, Händen und Flügeln vorgestellt. Erdbeben, Feuer und Rauch gehören zur Gotteserscheinung.«

Bei den Serafim mit sechs statt der uns ansonst bekannten vier Flügel handelt es sich vermutlich um eine weiterentwikkelte Variante der Cherub-Flugmaschine. Aus vorstehender Überlieferung des Alten Testaments aus der Zeit um 740 v. Chr. wird klar, daß parallel zu der vermutlich zur Zeit König Salomos nach Südamerika ausgewanderten Gruppe von Missionaren eine Stammbesatzung in Palästina zurückgeblieben war, die sich weiterhin um Kontakte zu Propheten bemühte, die als Mittler zwischen dem Herrn und Gott Israels und dem einfachen Volk dienten.

Die erste Gruppe der nach Südamerika entsandten Missionare dürfte sich etwa 370 Kilometer nördlich der peruanischen Hauptstadt Lima nahe an der Pazifik-Küste angesiedelt haben. Dort entdeckte man in Cerro Sechim in einer Art Tempelanlage Stilelemente, die sich als Vorläufer der Chavin-Kultur deuten lassen. Die eigentliche Blüte dieser für Südamerika völlig neuen Kultur erfolgte zwischen 800–200 v. Chr., nachdem man sich in 3200 Meter Höhe unter wesentlich besseren klimatischen Bedingungen als an der Pazifik-Küste in einem Hochtal mit reichlichem Wasservorkommen und Waldbestand in der Nachbarschaft angesiedelt hatte. Dort entstanden dann die gigantischen Tempelbauten von Chavin de Huantar, in deren Mitte die Raimondi-Stele sicher einen besonderen Platz hatte. Hier hatte man in harten Granit die wesentlichen Elemente der Cherub-Maschinen als Antrieb für Heißluftschiffe eingeritzt. Nur die wenigen Übersiedler aus Palästina wußten, wie wichtig es war, dieses Fachwissen für nachfolgende Generationen auf Stein festzuhalten. Diese Zeichung war der Garant dafür, daß man auch in Zukunft in der Lage war, solche Maschinen zu bauen, welche die wichtigste Rolle spielten, um die große Macht der neu ins Land gekommenen Götter demonstrieren zu können. Angst hatte man keine, daß irgendeiner der als Mitarbeiter des neuen Tempels angeworbenen Eingeborenen in der Lage war, an Hand der Darstellung auf der Raimondi-Stele selbst solche Maschinen bauen zu können. Außerdem hatte man Attribute aus der bisherigen Puma- und Schlangenkopf-Götterwelt der Eingeborenen sowohl auf der Raimondi- als auch anderen Stelen ergänzt, so daß die Eingeborenen kaum erkennen konnten, welches technische Geheimnis sich in Wirklichkeit auf den Steinritzzeichnungen verbarg. Dieser Unbekümmertheit der ausgewanderten Missionare in Südamerika verdanken wir es, daß der Nachwelt ein ganz wesentliches Dokument über die Technik unserer Vorzeit bis heute überliefert wurde.

Vielleicht hat es auch im Vorderen Orient oder an anderen Stellen rings ums Mittelmeer einmal Skizzen und Beschreibungen der Cherub-Technik gegeben. Daß wir heute nichts mehr darüber wissen, kann rein religiöse Gründe haben. Wir wissen über viele Bücherverbrennungen und das Einziehen von ketzerischen Büchern aus uralten Klosterbibliotheken im Abendland. Von einer solchen Vernichtung des Wissens über unsere Vorzeit blieben die steinernen Überlieferungen in Südamerika verschont. Die Raimondi-Stele, die erst Mitte des vergangenen Jahrhunderts entdeckt wurde und mit deren Deutung man sich fast 100 Jahre später auseinanderzusetzen begann, ließ sich nicht mehr in einem finsteren Winkel verstecken. Dazu war es zu spät und reichte der Arm von denjenigen nicht mehr aus, die früher sich so eifrig dafür eingesetzt hatten, daß alle Spuren von einer hochstehenden Technik in unserer Vorzeit verwischt wurden.
Vorstehendes sind, wie ich gern zugebe, vorwiegend Spekulationen. So könnte es also gewesen sein. Wesentliche Voraussetzung für die Richtigkeit solcher Spekulationen ist, daß es tatsächlich zur Zeit König Salomos und vielleicht schon früher Schiffsverbindungen vom Roten Meer nach Südamerika gegeben hat. Den Beweis hierfür hofft nunmehr Professor Dr. Gallez in seinem Buch »Das Geheimnis des Drachenschwanzes« erbracht zu haben. Auf etwa 40 Bildseiten hat er Landkarten aus der Zeit um Christi Geburt bis 1570 n. Chr. abgebildet, auf denen sich der »Drachenschwanz Südamerikas« findet. Auf 140 Textseiten analysiert er die Karten, rekonstruiert, wer unter den seinerzeitigen Kartographen nur von anderen abgeschrieben hat und wer möglicherweise über die besten Informationen von Leuten verfügt haben könnte, die tatsächlich mit dem Schiff in Südamerika waren. Dabei entdeckt er ein seltsames

Phänomen: Je älter der Ursprung der Landkarte ist, um so besser stimmt sie mit der Wirklichkeit überein.

Er befaßt sich auch eingehend mit den Problemen, mit denen in der Frühzeit alle Kartographen zu kämpfen hatten. Wenn eine geheime Expedition ins Mutterland zurückkehrte, wurde sowohl vom Kapitän als auch von den Seeleuten unter Androhung der Todesstrafe absolutes Schweigen verlangt. Sie durften über die geographische Lage der erforschten Gebiete, ihre Reichtümer und alle Details der Reise nichts an Fremde weitergeben. Für diese Geheimhaltungspolitik ist vor allem das Portugal des 15. Jahrhunderts bekannt.

Der vom jeweiligen Herrscher bestellte offizielle Kartograph wurde selbstredend in alle Geheimnisse eingeweiht, durfte aber niemandem etwas hierüber verraten. Die nicht dem Hofe angehörenden Geographen konnten von neuen Entdeckungen nur etwas durch Indiskretionen erfahren. Dabei war es ziemlich sinnlos, den Kontakt mit Kapitänen zu suchen, weil diese, wenn sie ihr Schweigen brachen, mit ihrem Leben spielten.

Es darf unter solchen Umständen kaum erwartet werden, daß aussagefähige Karten über frühe Entdeckungsreisen an die Öffentlichkeit gelangen konnten. Dazu bedurfte es ganz besonderer Umstände.

Unter den von Professor Gallez ausgewerteten Landkarten gibt ihm die »Londoner Ptolomäus-Karte von Hammer« aus dem Jahre 1489 ein Rätsel besonderer Art auf. Auf dieser Karte sind die Flußläufe im Inneren Südamerikas eingezeichnet und meist völlig richtig dargestellt. Er überprüfte dies anhand des Orinoco, des Parana, des Rio Colorado und des Rio Negro. Woher kannte man vor der Ankunft von Columbus die Flüsse und Gebirge im Inneren Südamerikas? Eine solche richtige Kartierung gelang uns ja erst im vorigen 19. Jahrhundert. Bei den vor mehreren hundert oder tausend Jahren noch fehlenden Wegen durch die Urwälder Südamerikas dürfte es ziemlich unmöglich gewesen sein, die Flußläufe durch zu Lande durchgeführte Expeditionen exakt vermessen zu lassen. Konnte man damals bereits Südamerika aus der Luft vermessen? fragt Professor Gallez.

Ich bin der Meinung, daß dies den »Göttern« von Chavin de Huantar unter Einsatz ihrer Cherub-Heißluftschiffe leicht möglich war. Es bestand sogar für sie eine Notwendigkeit, wenn ihre missionarische Aufgabe Erfolg haben sollte, zu erkunden, wie das Land rings um ihren neuen Wohnsitz aussah und wie man dahin kommen konnte.

Es dürfte sehr wahrscheinlich sein, daß von den in Chavin de Huantar angelernten Handwerkern aus dem Kreis der einheimischen Bevölkerung eine größere Zahl von Cherub-Heißluftschiffen gebaut wurde. Schaut man im Altas nach, welche Bodenschätze es in den Anden in der Nachbarschaft von Chavin de Huantar gab, so erweist sich dieses Gebiet als Paradies für Betriebe der Metallverarbeitung. Alles war da: Gold, Silber, Kupfer, Eisen, Zink und sogar oberflächennahe Kohle. Nach Überlieferungen war die Goldverarbeitung unmittelbar im Tempelbezirk heimisch, während die Schmelzöfen für Bronze und vermutlich auch schon Eisen in der weiteren Umgebung von Chavin angesiedelt waren.

Erich von Däniken geht in seinem Buch »Strategie der Götter« auf vielen Seiten der Frage nach, ob es wahr sein kann, daß etwa 571 v. Chr. der Prophet Ezechiel auf dem Luftweg aus dem Babylonischen Exil nach Chavin de Huantar gebracht worden ist, damit ihm hier der neue Tempel seines Gottes und Herrn gezeigt werden konnte. (A. T. Ez 40,1–48,35). Er schreibt, bislang wurden 270 Abhandlungen über den Propheten Ezechiel bibliografiert. Ich möchte dieser Vielzahl mit meinem Buch keine weitere hinzufügen. Doch ich komme nicht umhin, der im Zusammenhang mit Ezechiel vom ehemaligen NASA-Ingenieur F. Blumrich vertretenen Theorie, Ezechiel sei von Außerirdischen mit einem Raumschiff transportiert worden, zu widersprechen. Für mich ist es vollkommen geklärt, daß die Vorzeit-Götter mit einer Kombination aus Heißluftschiff mit Cherub-Schwingflügel-Antrieb fliegen konnten. Nicht so leicht ist die Frage zu beantworten, welche Flugstrecken dabei ohne Nachtanken erreicht wurden und wie schnell man fliegen konnte. Im vorangegangenen Kapitel habe ich anhand der uns vorliegenden Überlieferungen abzuschätzen versucht, welches Leistungsvermögen der dreimal am Tag die Insel Kreta umfliegende Talos besaß. Als Tagesstrecke ergaben sich 2000 Kilometer und als mittlere Geschwindigkeit 100 Stundenkilometer. Professor Dr. Kanjilal schreibt in seinen Übersetzungen aus der klassischen Sanskrit-Literatur über die seinerzeitigen Vimanas: »Diese fliegenden Maschinen bewegten sich sowohl bei Tag als auch bei Nacht schneller als alle Winde, und sie besaßen Orientierungshilfen, um auch Zielpunkte in weiter Ferne auszumachen.«

Diese Beschreibung galt für Heißluftschiffe etwa im Jahr 1500 v. Chr. Hatte sich in den folgenden etwa 1000 Jahren bis zum Flug des Ezechiel die Flugtechnik weiterentwickelt, oder war diese Technik langsam im Absterben? Wir wissen es nicht.

Möglicherweise sind für Abschätzungen auch die Erfahrungen mit unseren vom Anfang dieses Jahrhunderts bis 1938 im Einsatz gewesenen Zeppelin-Luftschiffen verwertbar. Das letzte Luftschiff LZ 129 hatte eine mittlere Reisegeschwindigkeit von 125 Stundenkilometer und konnte ohne Zwischenlandung mit einer Flugzeit von etwa 3½ Tagen von Mitteleuropa nach Südamerika fliegen. Es war mit Wasserstoff gefüllt und wurde mit vier Propellern und Dieselantrieb vorwärts bewegt. Sein Auftrieb kam allein durch die Ballonfüllung mit leichtem Wasserstoffgas zustande. Cherub-Heißluftschiffe hingegen hatten einen zusätzlichen Auftrieb durch die Schwingflügel. Beide Luftschiffarten sind also nicht unmittelbar miteinander vergleichbar. Im Gegensatz zum Diesel des LZ 129 brauchten Cherub-Luftschiffe zusätzlich zum Kraftstoff noch Wasser für die Cherub-Dampfmaschinen. Daß Wasser häufiger als Kraftstoff nachgetankt werden muß, wissen wir vom früheren Betrieb unserer Dampflokomotiven. Folglich brauchten Cherub-Heißluftschiffe bei Langstreckenflügen unterwegs Wassertankstellen mit fahrbaren Gestellen und Kesseln.

Gehen wir zunächst von der Annahme aus, das Heißluftschiff, das Ezechiel nach Peru bringen sollte, sei der alten Route der phönizischen Schiffe nach Osten gefolgt, siehe Bild 35. Falls die Götter um 571 v. Chr. noch genügend Macht besaßen und über ausreichend technisch gut eingerichtete Stützpunkte verfügten, konnte an einem Tag bei Annahme einer Reisegeschwindigkeit von 125 Stundenkilometer das etwa 3000 Kilometer von Babylon entfernte Karatschi in Indien erreicht werden. Am zweiten Flugtag wurde in Kalkutta zwischengelandet und nachgetankt. Es hat allerdings nicht viel Sinn, dieser Reiseroute noch weiter in Richtung Ost zu folgen. Wenn wir in die von Menschen kaum bewohnte Übergangszone von Asien nach Amerika kommen und zusätzlich noch an den langen Weg entlang Nordamerikas denken, schwindet die Wahrscheinlichkeit, unterwegs Wassertankstellen anzutreffen, nahezu auf Null. Zwar wäre rein theoretisch die etwa 36 000 Kilometer lange Flugstrecke binnen etwa zwei Wochen zurückzulegen. Aber

ich kann es mir nicht vorstellen, daß damals die dazu notwendige technische Infrastruktur existierte.
Wie schaut es mit der heute im Flugverkehr nach Südamerika üblichen Westroute mit Überkreuzung des Atlantiks zwischen Dakkar in Westafrika und Recife in Südamerika aus? Am ersten Flugtag von Babylon wurde die Insel Sardinien erreicht, die aller Wahrscheinlichkeit nach in der Frühzeit ein wesentlicher Stützpunkt der Götter war. Ob allerdings am Ende des zweiten Flugtags bei Dakkar vorm großen Sprung über den Atlantik die Möglichkeit zum Nachtanken bestand, muß zunächst bezweifelt werden. Der Atlantik mußte dann binnen 30 Stunden nonstop überquert werden. Nach zweimaligem Zwischenstop zwischen Recife und Belem am Amazonas und bei Manaus am Amazonas zum Tanken war am sechsten Flugtag Chavin de Huantar erreicht. Wenn man sich bewußt macht, zu welchen technischen Leistungen wie der Bau großer Schiffe mit Abmessungen der Arche Noahs, der Ägyptischen Pyramiden und der Beherrschung der Cherub-Dampfmaschinentechnik die Menschen in unserer Vorzeit befähigt waren, darf man nicht grundsätzlich ausschließen, daß sie unter Einsatz ihrer Heißluftschiffe an auch abgelegenen Orten Stützpunkte zur Versorgung ihrer Luftflotte errichten konnten.
Dazu war eine wesentliche Voraussetzung, daß man das Land, das man bewohnte und das überflogen werden sollte, richtig kannte. Man brauchte für den Flug Orientierungsrichtlinien wie zum Beispiel den Verlauf der Flüsse oder den Standort auffälliger Berge. So entstanden in Chavin de Huantar Landkarten über Südamerika mit eingetragenen Flüssen, hohen Bergen und auch mit der richtigen Wiedergabe des südlichen »Drachenschwanzes« dieses Kontinents. Eine solche Karte wird der Pilot, der Ezechiel von Babylon

zum neuen Tempel seines Herrn bringen sollte, besessen haben. Auf wohl niemals klärbarem Weg gelangten Informationen aus dieser Karte in die Hände des Marinos von Tyros, eines Gelehrten aus dem seinerzeit griechischen Alexandria, der um 50 n. Chr. zum ersten Mal weitgehend richtige Beschreibungen des Küstenverlaufs von Südamerika veröffentlichte. Doch eine Karte, auf der nahezu richtig die Flußläufe im Inneren Südamerikas eingetragen waren, wurde erst 1489 n. Chr. bekannt. Sie wurde 1489 von dem aus Deutschland stammenden, in Florenz und Rom arbeitenden Kartographen Heinrich Hammer erstellt. Bild 34 zeigt links die Darstellung in Hammers Karte im Vergleich zu einer heutigen Landkarte, rechts. Wie er in den Besitz von Unterlagen gekommen ist, die möglicherweise über 2000 Jahre alt waren und in denen Flußläufe und Berge im Inneren von Südamerika zutreffend wiedergegeben wurden, wird ein unklärbares Rätsel bleiben. Aber es läßt sich nicht an der Tatsache rütteln, daß weit vor unseren Kartographen des 19. Jahrhunderts schon das Innere Südamerikas kartographiert worden ist.
Die Frage, auf welchem Weg und ob überhaupt der Prophet Ezechiel zum neuen Tempel seines Herrn in Chavin de Huantar gelangen konnte, wird sich vermutlich auf dem Papier nicht klären lassen. Ich habe einmal versucht, rein rechnerisch zu ermitteln, ob vorstellbar ist, daß vor über 2500 Jahren ein Heißluftschiff ähnlich einem Zeppelin-Luftschiff nonstop von Europa nach Südamerika gelangen konnte. Das ist nicht grundsätzlich auszuschließen, wenn man von einer großen Vimana ausgeht, die statt mehrerer Passagiere nur einen und dafür überdimensional gefüllte Tanks für Kraft- und Schmierstoff und Wasser mit sich führte. Das Kernproblem bei solchen Berechnungen besteht darin, daß es nirgendwo verwertbare technische Unterlagen

gibt, um eine Cherub-Dampfmaschine halbwegs zuverlässig berechnen zu können. Zusätzlich wurde angesichts unserer Drehwurm-Propeller- und Düsenjet-Flugtechnik die Technik des Fliegens mit Schwingflügeln völlig vernachlässigt. Ich möchte es nicht ausschließen, daß zu Ezechiels Zeiten tatsächlich ein Langstreckenflug von Europa nach Südamerika möglich war. Doch endgültige Beweise, die auch die größten Skeptiker überzeugen können, würde nur ein praxisnahes Experiment liefern. Wenn ich mehrere Millionen Mark auf dem Bankkonto hätte, würde ich morgen bereits mit den Vorarbeiten zum Nachbau eines Vorzeit-Heißluftschiffes beginnen. Wenn es nach den anfangs unvermeidlichen Pannen seine Tauglichkeit zum Langstrekkenflug bewiesen hätte, würde ich vorschlagen, nunmehr die Reise des Ezechiel wirklichkeitsnah nachzuvollziehen. Wenn das geglückt ist, dürfte wohl kaum mehr die Notwendigkeit bestehen, noch weitere Bücher zu schreiben, laut denen beim Flug des Ezechiel Außerirdische mit ihren Weltraumschiffen mitgewirkt haben. Dann wäre dieses immer wieder in der einschlägigen Literatur aufgewärmte Thema endlich vom Tisch.

Noch einen anderen Grund habe ich, mehrere Millionen Mark, so ich sie hätte, für ein überzeugendes und notwendiges Experiment zur Verfügung zu stellen. Ich möchte, daß endlich dem Propheten Ezechiel Genugtuung zuteil wird. Er war kein Visionär. Er hatte einen konkreten Auftrag seines Herrn und Gottes zu erfüllen. Dieser lautete sinngemäß: »Ihr nichtsnutzigen Menschen, allen voran König Salomo und der König von Tyrus, habt mich von der Seite meines Volkes Israel vertrieben. Ich und meine Getreuen haben nicht resigniert. Wir haben uns ein neues Volk in Südamerika gesucht und es in den Zehn Geboten und in besserer Landwirtschaft unterwiesen. Zu meinen Ehren wurde in

Chavin de Huantar ein neuer und größerer Tempel als der des Königs Salomo errichtet. Hier habe ich mein göttliches Werk, an dessen Fortführung mich die verruchte und korrupte Generation der späteren Bronzezeit im Vorderen Orient gehindert hat, zur neuen Blüte gebracht. Damit dies aller Welt verkündigt wird, habe ich den Propheten Ezechiel an den Ort meines neuen Tempels bringen lassen.«
Seitdem sind über 2500 Jahre vergangen. Das Wirken des Herrn und Gottes Israels in der Zeit von etwa 1500–600 v. Chr. hat ganz wesentlich die Religionen, in deren Mittelpunkt ein einziger Gott steht, geprägt. Wir benutzen heute noch in den Synagogen und Kirchen die Niederschriften über sein Wirken als notwendige Bestandteile des Religionsunterrichts. Es ist schmerzlich, im Alten Testament nachlesen zu müssen, wie es in der Zeit nach König Salomo zum Bruch zwischen dem Volk Israel und seinem Gott kam.
Wir sollen an das Alte Testament eine Ergänzung anfügen. Der Gott Israels resignierte nicht. Nein, er wagte einen Neubeginn auf einem seinerzeit noch unerforschten Teil unserer Erde. Und er schuf dort viel Gutes wie in der Zeit, als ihm sein Volk in Israel noch treu und untergeben war. Vielleicht könnten aus dieser Ergänzung zum Alten Testament manche Menschen Trost und Hilfe finden. Auch Götter können, wie es vor 3000 Jahren in Israel geschah, durch widrige Umstände in der Umwelt in Schwierigkeiten geraten. Doch das darf nie der Anlaß dafür sein, zu resignieren. Besser ist es, einen Neuanfang zu wagen, und sei es drum, in ein fremdes Land ziehen zu müssen.
In den Berichten über Chavin de Huantar heißt es, daß die dort wie aus dem Nichts entstandene und aufgeblühte Kultur sich immer weiter nach Norden und Süden ausbreitete. Wegen Verwandtheit einiger Stilelemente mit den in Mittelamerika ansässigen Olmeken, deren Blütezeit zwi-

schen 1000–600 v. Chr. datiert wird, vermutet man auch Kontakte mit der Chavin-Kultur. Im Stammland der Olmeken fand man Riesenhäupter, die bis zu 2,4 Meter hoch sind, einen Umfang von 6,4 Metern haben und über 50 Tonnen schwer sind. Sie wurden über das Gebirge aus 100 Kilometer entfernten Steinbrüchen transportiert. Diese unvorstellbare Leistung führte ähnlich wie bei Stonehenge und anderen europäischen Megalith-Monumenten zu einer Vielzahl von Spekulationen, wie den seinerzeitigen Menschen der Transport und das Aufrichten solcher Steinkolosse möglich war. Könnte es sein, daß ihnen von den Chavin-Technikern beigestellte Cherub-Steinschlepper halfen?

Um etwa 200 v. Chr. scheint die über sechs Jahrhunderte in voller Blüte stehende Chavin-Kultur niederzugehen. Waren die Gründer von Chavin ausgestorben? Haben deren Bemühungen, die einheimischen Indios – Menschen, die aussahen, als wären sie aus Bronze, wie Ezechiel schrieb – das Erbe des aus Eurasien eingeführten Kulturguts weiterpflegen zu lassen, keinen Erfolg gehabt? Wir wissen es nicht.

Doch vieles von dem, was in Chavin an Neuem geschaffen wurde, lebte noch viele Jahrhunderte in Süd- und Mittelamerika weiter. Dafür einige Beispiele.

Bild 36 zeigt eine Darstellung aus dem Kreuz-Tempel von Palenque/Mexiko aus dem Jahre 692 n. Chr. über die Machtübergabe des Herrschers Pacal nach dessen Tod an seinen Sohn Chan Balum. Zwischen beiden befindet sich ein Gebilde, das im Archäologenkreis »Weltenbaum« genannt wird und das es in vielen Kulturkreisen gibt. Bei genauem Hinsehen entdeckt man viele Gemeinsamkeiten mit der Cherub-Darstellung auf der Raimondi-Stele. Sehr deutlich sind auf dem Palenque-Bild die zwei im Gegentakt arbeitenden Zylinder und Kolben dargestellt. Doch es gibt sogar

Der »Weltenbaum« von Palenque

Chan-Bahlum nach der Thronbesteigung — Pacal nach dem Tod — Mittig der Weltenbaum — Chan-Bahlum vor der Thronbesteigung — Gott L

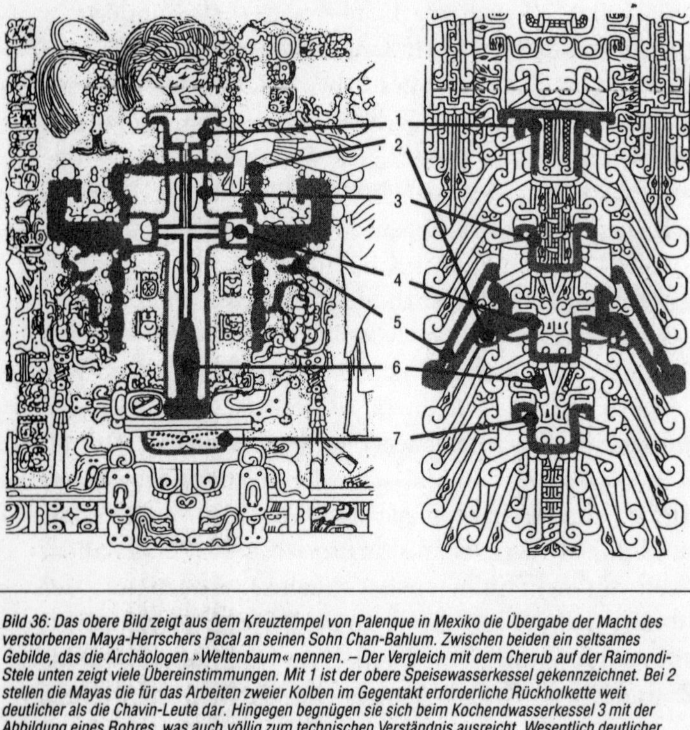

Bild 36: Das obere Bild zeigt aus dem Kreuztempel von Palenque in Mexiko die Übergabe der Macht des verstorbenen Maya-Herrschers Pacal an seinen Sohn Chan-Bahlum. Zwischen beiden ein seltsames Gebilde, das die Archäologen »Weltenbaum« nennen. – Der Vergleich mit dem Cherub auf der Raimondi-Stele unten zeigt viele Übereinstimmungen. Mit 1 ist der obere Speisewasserkessel gekennzeichnet. Bei 2 stellen die Mayas die für das Arbeiten zweier Kolben im Gegentakt erforderliche Rückholkette weit deutlicher als die Chavin-Leute dar. Hingegen begnügen sie sich beim Kochendwasserkessel 3 mit der Abbildung eines Rohres, was auch völlig zum technischen Verständnis ausreicht. Wesentlich deutlicher und aufschlußreicher ist die Maya-Darstellung der zwei im Gegentakt arbeitenden Zylinder und Kolben 4. Dagegen ist die Sperrklinkenmechanik 5 an den Hebeln, welche im Endeffekt die Schwingflügel bewegen, nur angedeutet. Mit 6 ist sicher die Darstellung einer Flamme und mit 7 des unteren Brennstoffkessels gemeint.

Die berühmte Grabplatte in Palenque

Bild 37: Auch auf der berühmten Grabplatte aus dem Jahr 684 n. Chr. in einem Palenque-Tempel finden sich Zylinder und Kolben mit von diesen betätigten Schwingflügeln. Abgebildet sind nur drei solcher Systeme. Ein viertes muß hinter dem Körper des die Cherub-Maschine bedienenden Pacal angenommen werden, der ansonsten nicht hätte auf seiner Grabplatte abgebildet werden können. Es bestehen Ähnlichkeiten mit der etwa 1400 Jahre früheren Darstellung der fliegenden Götter von Chavin auf Bild 18.

noch eine Dreizylinder-Anordnung, siehe Bild 37. Sie findet sich auf der in Kreisen der Anhänger von Astronauten-Göttern oft zitierten Grabplatte des Maya-Herrschers Pacal, der am 31. August 683 n. Chr. nach 68jähriger Herrschaft, während der er Palenque zur vollen Blüte brachte, verstarb. Die drei Kolben der Zylinderanordnung trieben Schwingflügel an. Vermutlich waren es deren vier, wobei man den vierten nicht darstellen konnte, weil man dann Pacal nicht hätte aufs Bild bringen können.

Waren also die Maya-Herrscher im Besitz von Cherubim, und konnten sie mit Heißluftschiffen am Himmel fliegen? Das ist nicht auszuschließen, denn offensichtlich gab es weit südlich von Mexiko und auch Chavin de Huantar bis ins 8. Jahrhundert n. Chr. Menschen, die gezielt mit Heißluftschiffen umgehen konnten. Vermutlich haben einige wenige Exemplare von Heißluftschiffen die Chavin-Zeit um Jahrhunderte überlebt. Sie wurden über Generationen hinweg liebevoll gepflegt und gelegentlich benutzt. Allerdings nicht, um damit der einheimischen Bevölkerung von überlegenen, am Himmel fliegenden Göttern ein Schauspiel zu liefern. Diese Spiele konnten die längst mit solchen Ereignissen vertrauten Eingeborenen nicht mehr beeindrucken, insbesondere, wenn Menschen gleicher Hautfarbe und Rasse die Maschinen bedienten. Worauf man wartete, das waren die Götter mit heller Hautfarbe, stattlicher Größe und wallendem Bart, wie sie vor 1000 Jahren in Mittel- und Südamerika vom Himmel herabkamen. Das waren gute Götter, die dem Land Fruchtbarkeit und Gerechtigkeit zwischen den Menschen brachten. Wann kommen sie wieder? Solche Wunschträume sind vielen unter uns, die auf die baldige Wiederkehr von guten Göttern von fernen Gestirnen aus dem Weltraum hoffen, auf daß sie wieder auf unserer kaputt gehenden Erde Ordnung schaffen, recht vertraut.

Vermutlich wurde aus dem gelegentlichen Fliegen mit einem der aus der Chavin-Zeit übriggebliebenen Heißluftschiffe eine nette Spielerei. Wenn man ein dicht über dem Erdboden schwebendes Heißluftschiff richtig steuern konnte, dann ließen sich mit einem nachgezogenen Schleppanker im Erdboden einmalig beeindruckende große Figuren einritzen. Das funktionierte an vielen Stellen Südamerikas, doch am besten auf der Hochebene von Nazca. Dort ließ sich mit einem Schleppanker die obere dunkelbraune Erdkruste leicht wegkratzen, so daß der hellere Untergrund zum Vorschein kam. Und so entstanden die wunderschönen, für uns immer noch rätselhaften Scharrbilder von Nazca (Bild 38).

Vorstehende Theorie ist bereits mehrfach aufgegriffen worden. Doch unbeantwortbar blieb bislang die Frage, woher seinerzeit jemand das Wissen über gezielt lenkbare Heiß-

luftschiffe haben konnte. Meine Antwort: möglicherweise von den Göttern aus Chavin de Huantar!
Mit Nazca enden die letzten Spuren für eine faszinierende Technik in unserer Vorzeit, in der die Götter mit Hilfe einer genialen Cherub-Dampfmaschine am Himmel fliegen konnten. Diese Zeit begann mit der Einführung der Bronzetechnik um 3200 v. Chr. und endete um 800 n. Chr. mit den Scharrzeichen von Nazca. Es war eine Technik, die rund 4000 Jahre auf unserer Erde Bestand hatte.

Die Scharrbilder von Nazca

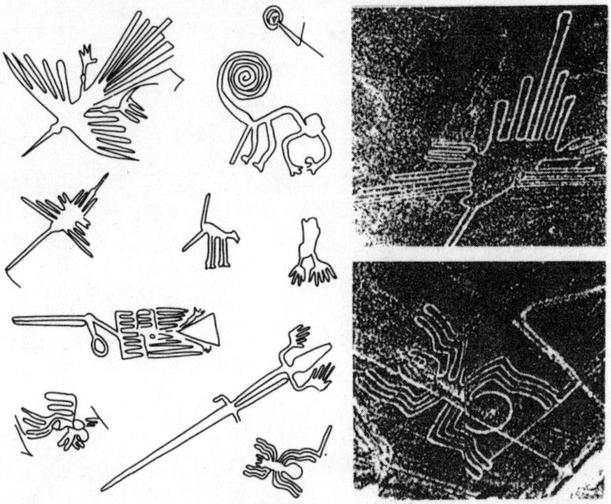

Bild 38: Links die Aufzeichnungen der deutschen Nazca-Forscherin Marie Reiche über die Scharrbilder mit über 100 Meter großen Abmessungen. Sie sind nur deutlich aus der Luft erkennbar und müssen auch aus der Luft angefertigt worden sein. Das war mit gut lenkbaren Heißluftschiffen leicht möglich.

Wir wissen von unserer heutigen Art von Technik, die etwa Mitte des 19. Jahrhunderts begann, daß sie nicht die geringsten Chancen hat, eine Zeitspanne von 4000 Jahren zu überleben. In spätestens 500 Jahren ist sie am Ende, weil dann auch die letzten Kupfer-, Zinn-, Blei-, Eisen-, Erdöl- und Kohlereserven unserer Erde restlos aufgebraucht sind. Dann werden wir in den Müllhalden des 20. Jahrhunderts suchen, ob sich noch eine verrottete Autokarosserie oder ein paar alte Konservendosen finden lassen, um daraus mit hohem Einsatz der uns allein noch zur Verfügung stehenden Sonnenenergie ein paar Nägel, Schrauben oder Messer zum Brotschneiden herstellen zu können. Ist möglicherweise trotz aller uns angedichteter Intelligenz unsere heutige Technik im Vergleich zu der in unserer Vorzeit ein katastrophaler Irrläufer?

14

Die Geheimnisträger

Zwischen der Vorzeittechnik und unserer heutigen gibt es einen sehr großen Unterschied. Früher war es nur eine verschwindend kleine Minderheit von Menschen, die sich einer fortgeschrittenen Technik bediente. Heute hat fast jeder der mehrere Milliarden Menschen – abgesehen von denen in armen Entwicklungsländern – den direkten Zugriff zu moderner Technik. Im Vergleich zur Vorzeit ist die Erdbevölkerung auf ein Vielfaches angestiegen. Seuchen wie Pest oder Cholera, die früher in einigen Gebieten bis zur Hälfte der Bevölkerung dahinrafften, gehören der Vergangenheit an. Die Säuglingssterblichkeit ist stark zurückgegangen, und die Menschen werden immer älter. Dank der Fortschritte in der Wissenschaft und Technik wurde es möglich.

Doch der Fortschritt hat auch seine Schattenseiten. Je mehr die Technik in unseren Alltag eindrang, um so mehr mußte produziert werden. Die Rohstoffe hierfür liefert unsere Erde. Die vor mehreren Jahren veröffentlichten Prognosen des »Club of Rome« und von anderen Institutionen, daß Anfang des nächsten Jahrhunderts die Vorräte zum Beispiel von Blei, Kupfer oder Erdöl zu Ende gehen, scheinen inzwischen vergessen zu sein. Die aus Profitgier inszenierte Erdölkrise der siebziger Jahre hat uns gegenüber allen pessimistischen Prognosen mißtrauisch gemacht. So schlimm wird es mit der Erschöpfung unserer Rohstoff-Reserven schon nicht werden. Eine solche Meinung vertreten selbstredend auch alle Industrieunternehmen, die in der Gegenwart gute Geschäfte machen wollen und denen die weitere Zukunft ziemlich gleichgültig ist. Wer als Vorstandssprecher seinen Aktionären eine gute Bilanz vorlegen muß, damit dem Vorstand nicht das Mißtrauen ausgesprochen wird, kann unmöglich erklären: Wir haben im vergangenen Geschäftsjahr die Produktion in unseren Betrieben stark gedrosselt, um die Rohstoffreserven unserer Erde zu schonen, wir wollen in den nächsten zehn Jahren unseren Bedarf an selten werdendem Blei, Kupfer und Erdöl um 50 Prozent reduzieren. Die Praxis ist ganz anders. So verkündete der Chef unseres größten Elektrounternehmens: »Unser Ziel ist es, die Produktion von 1990 bis zum Jahr 2000 zu verdoppeln.«

Unter den Metallen ist Aluminium das mit den noch größten Rohstoffreserven. Eisen und Stahl werden bereits vor dem Jahre 2200 knapp und somit teuer sein. Man sollte daher heute schon daran denken, ob es nicht besser ist, Autokarosserien statt aus Stahlblech aus Aluminiumlegierungen zu bauen. Dadurch würde ferner ein Auto um etwa 200 Kilogramm leichter und könnte ohne Einbuße an Fahrkomfort mit bis zu zwei Liter/100 Kilometer Benzin weniger auskommen. Solche Überlegungen sind für Kraftfahrzeughersteller nicht neu. Doch ein Auto aus Aluminium käme im Verkauf um 20–30 Prozent teurer und würde zudem weit länger leben als ein Stahlblechauto, weil Aluminium nicht rostet. Im Alleingang kann sich ein Autounternehmen nicht den Übergang von Stahlblech auf Aluminium leisten, solange die Konkurrenz nicht mitzieht. Folglich haben Maßnahmen, um die Ressourcen unserer Erde zum Nutzen späterer Generationen zu strecken, nur dann Aussicht auf Erfolg, wenn sie regierungsamtlich verordnet werden. Ein

Alleingang einzelner Staaten nützt aber im Hinblick auf die inzwischen weltweit untereinander verflochtene Industrie und Wirtschaft nichts. Wir brauchten eine Art Weltregierung, die weltweit allen Unternehmen dieselben Auflagen macht.

Doch von der Existenz einer funktionierenden Weltregierung sind wir noch weit entfernt. Sie wird erst dann zustande kommen, wenn es zu ausgesprochenen Rohstoffkrisen auf unserer Erde kommt, und damit der Zusammenbruch unserer Art von Technik unmittelbar vor der Tür steht. Das wird auf einigen Gebieten, die auf spezielle Rohstoffe wie zum Beispiel Blei für Akkus angewiesen sind, bereits im nächsten Jahrhundert geschehen. Bis zum Jahr 2200 hat dann die Krise die Stahlverarbeiter erfaßt.

Ich stellte schon mehrfach im Buch die Frage: War die Naturkopietechnik unserer Vorfahren möglicherweise besser als unsere heutige Technik? Hierauf müssen wir eine Antwort finden, einfach deshalb, weil nach Erschöpfung der Rohstoffreserven unserer Erde die heutige Art von Technik am Ende ist. Dann müssen wir mit dem auskommen, was dank der ständigen Energiezufuhr von der Sonne auf der Erdoberfläche nachwächst. Wir können nicht mehr gegen die Natur wirtschaften, sondern müssen uns mit ihr verbünden. Brauchen wir dazu eine ganz neue Art von Technik? Ja, es geht nicht anders.

Der Raubbau bei unseren Rohstoff-Reserven hat erst im vorigen Jahrhundert begonnen. Was früher die Völker aus der Erde geholt haben, war minimal. Das hing einerseits mit der viel geringeren Bevölkerungsdichte und andererseits mit der Monopolstellung ganz weniger Privilegierter zusammen. So besaßen die Vorzeitgötter nicht nur das Monopol über die Bronzeverarbeitung, sondern waren auch im Alleinbesitz von tüchtigen Handwerkern und Ingenieuren,

welche aus Bronze neuartige Geräte und Maschinen entwickeln konnten. Diese Fachleute wurden von den Göttern wie Leibeigene behandelt. Das ging so weit, daß man den besten unter ihnen die Fußsehnen durchschnitt, auf daß sie nicht von ihrem Arbeitsplatz zum Beispiel im Bereich des griechischen Götter-Clans entfliehen und zur Konkurrenz überlaufen konnten.
In der Vorzeit hatte die überwiegende Mehrheit der Bevölkerung in sich selbst kein Wissen. Ihre Entwicklung wurde von den Göttern und deren Mitarbeitern im Tempel bestimmt. Allem Neuen, das seinen Ursprung nicht im Tempel hatte, wurde entgegengearbeitet, bevor es bedrohlich werden konnte.
Wenn jemand unter den Untergebenen schöpferische Talente bewies, wurde er aufgefordert, um Aufnahme im Tempel nachzusuchen. Dieser Aufforderung folgten verständlicherweise die meisten, weil sich ansonsten weit und breit keine besseren Entfaltungsmöglichkeiten anboten. Auf diese Art war das Volk ohne Inspiration und Initiative. Alles ging vom Tempel und den ihm vorstehenden Göttern und Priestern aus. So war kaum zu erwarten, daß sich im Volk ein höheres Wissen entwickeln konnte. Im Gegensatz hierzu bestanden im Tempel ideale Bedingungen, um auf allen Gebieten der Wissenschaft und Technik zu experimentieren. Wissen und neue Erfahrungen wurden gesammelt und an Nachfolgegenerationen weitergegeben.
Die Götter und die Tempel gaben Richtlinien für praktisch alle Lebenssituationen heraus. Ein Großteil hiervon füllt die Seiten des Alten Testaments. Wer diesen Richtlinien nicht folgte, wurde von den Göttern bestraft. Auf diese Art lernte das Volk die Furcht vor ihren Göttern.
Wichtig für den Tempel war es, daß das Volk an den von ihm verkündeten Gott glaubte und sich nicht von anderen

Göttern in die Irre führen ließ. Das ist ja der wesentliche Inhalt des ersten Gebotes innerhalb der Zehn Gebote. Ein solcher Glaube war für einen Gott und seinen Tempel, oder, wie ich es an anderer Stelle nannte, einer Missionsanstalt, eine Existenzvoraussetzung. Durch ihn wurde die Disziplin erreicht, die ein Gott zum Lenken der Massen brauchte.
Andersgläubige stießen nicht nur auf Mißtrauen, sondern wurden hartnäckig verfolgt. Sie waren die wesentlichen Gegner, vor denen ein Gott und sein Tempel Angst hatte. Intoleranz wird darum schon in frühen Zeiten zu einem Teil der Religionsgeschichte. Dabei geht es oft nicht um die Verteidigung des vorhandenen Götterbegriffs, sondern um Verteidigung einer Machtposition, die man unter keinen Umständen mit anderen teilen möchte.
Vorstehendes gilt nicht nur für die Götter in unserer Vorzeit, sondern hat gleichermaßen auch heute noch bei unseren Kirchen und Religionsgemeinschaften Bestand. Im vorzeitlichen Machtzentrum eines Gottes, in dessen Tempel, waren die schöpferischen Handwerker und Techniker überaus wichtige Leute. Sie waren typische Geheimnisträger, die wußten, welcher technischer Mittel sich die ihnen vorstehenden Götter zur Machtdemonstration bedienten. Dazu gehörten zum Beispiel die vor verbotenene Orten, also meist den Wohnsitzen und Tempeln der Götter aufgestellten schreckeinflößenden, selbsttätig mit ihren Armen Schwerter schwingenden Cherubim. Wer aus dem ungebildeten Volk verstand schon, wie diese menschenähnlichen Bronzegestalten wirklich funktionierten?
Später wird einem der im Tempel beschäftigten Ingenieure die Eingebung gekommen sein, Cherub-Maschinen zum gezielten Vortrieb von Heißluftballons einzusetzen. Das Prinzip des Heißluftballons war meiner Meinung nach schon Steinzeitmenschen bekannt. Sie hatten beobachtet,

wie über dem Lagerfeuer zum Trocknen aufgehängte Schweinsblasen oder ähnliche Gebilde sich durch Wärme ausdehnten und gelegentlich zum Himmel davonflogen. Der Wunsch, ähnlich einem Vogel fliegen zu können, ist ein uralter Menschheitstraum. Man wird schon weit vor der Bronzezeit experimentiert haben, ob sich ein Mensch mit einer übergroßen Schweinsblase zum Beispiel in Form von mehreren in Sackform zusammengeknüpften dünnen Leinentüchern mit einem Feuer darunter in die Luft erheben kann. Vereinzelt dürfte das geglückt sein. Doch leider bestimmte der Wind, wohin das Gebilde flog. Man brauchte Maßnahmen, mit denen man die gewünschte Flugrichtung vorgeben konnte. Menschenarme, welche ähnlich wie bei Vögeln Schwingflügel bewegten, reichten nicht aus. Hier konnte die Cherub-Dampfmaschine eine Chance bieten.
Die Kombination eines Heißluftballons mit einem Cherub-Schwingflügel-Vortrieb dürfte kaum von den Ingenieuren der Götter in kurzer Zeit realisiert worden sein. Ich schätze, daß mehrere Generationen von Ingenieuren seinerzeit daran gearbeitet haben, bis nach vielen vergeblichen Versuchen sich das erste lenkbare Heißluftschiff in den Himmel erhob.
Wenn die Ingenieure bei ihren Versuchen zu verzweifeln drohten, erhielten sie von den Göttern neuen Ansporn weiterzuarbeiten. Sie sahen einen ungeheuren Zuwachs ihrer Macht, wenn es ihnen gelang, über dem ihnen untergebenen Volk am Himmel zu schweben. Nachdem dies endlich Realität geworden war, hämmerten sie dem Volk ein, nur wer am Himmel schweben kann, ist ein wahrer Gott. Damit hoben sich dieserart Götter überzeugend von den bisherigen, vom Volk verehrten Götzenbildern ab. Das waren aus Holz oder Stein gefertigte Fratzen oder Tiersymbole, die sie anbeten sollten und zusätzlich noch an die

Priester der Götzenstandbilder hohe Abgaben entrichten mußten. Solche Götzenbilder konnten nicht am Himmel fliegen wie die anderen Götter. Also waren sie minderwertiger und hatten weniger Macht.
Das einfache Volk stellte verwundert fest, daß die am Himmel fliegenden Götter wie Menschen aussahen. Es mußten Zusammenhänge zwischen überirdischen, am Himmel fliegenden Göttern und den Menschen bestehen. Das nutzten die Götter mit der Verkündigung der Glaubenslehre aus, die Götter hätten den Menschen nach ihrem eigenen Vorbild erschaffen. Diese Schöpfungsgeschichte fand daraufhin in den Mythologien vieler Völker unserer Erde ihren Niederschlag. Die Menschen davon abzubringen, daß sie wie früher leblose Götzen anbeteten, war ein wesentlicher Erfolg der Götter der Vorzeit. Sie noch dazu zu bringen, daß es nicht viele Götter, sondern nur einen einzigen, für alle Menschen der Erde zuständigen Gott gibt, ist kennzeichnend für die weitere historische Entwicklung, als es die am Himmel schwebenden Götter der Vorzeit nicht mehr gab.
Wehe dem Priester, Propheten oder Techniker eines Gottes der Vorzeit, der verriet, auf welche Art sein Gott am Himmel fliegen konnte! Damit wäre bei vielen Menschen der Glaube an ihren Gott zerstört und der Mut zur Aufsässigkeit beflügelt worden. So war es ein strenges Gebot der Vorzeitgötter, daß alles Wissen, wie sie fliegen konnten, geheim gehalten wurden.
Vermutlich wäre niemand jemals hinter das Geheimnis der Vorzeitgötter gekommen, wenn die späteren Götter von Chavin de Huantar sich noch an die strengen Geheimhaltungsregeln gehalten hätten. Sie waren weit weg vom Ursprungsland der fliegenden Götter und hatten wenig Angst, daß jemals einer der Eingeborenen in den Anden ihre in die

Raimondi-Stele eingeritzte Konstruktionszeichnung der Cherub-Dampfmaschine entschlüsseln konnte. Nun ist es doch passiert. Doch dies ist ohne Folgen für die Vorzeitgötter, weil es sie seit über 2000 Jahren nirgends mehr gibt. Dafür können wir heute weit besser ihr damaliges Wirken verstehen, als es bisher ohne das Wissen über die hervorragende Vorzeittechnik der Cherub-Dampfmaschine möglich war.

Erheblich schuld am Aussterben der Vorzeitgötter dürfte ein ganz anderer Kreis von Geheimnisträgern gewesen sein. Es waren die reichen Handelsherren mit ihren vielen Schiffen auf den Weltmeeren. Wehe, wer von ihren Leuten verriet, aus welchen Winkeln unserer Erde die Schiffe Gold, Silber, Edelsteine und seltene Gewürze holten! Jeder Geheimnisverrat rief die Konkurrenz aufs Feld. Die durch eine bisherige Monopolstellung erzielten hohen Preise brachen zusammen. Wie die Ingenieure die Leibeigenen der Götter waren, so betrachteten die Handelsherren die Kapitäne ihrer Schiffe als Leibeigene, die sie sogar töten durften, wenn sich einer unter ihnen des Geheimnisverrats schuldig gemacht hatte. Je weiter die Kapitäne mit ihren Schiffen in fremde Länder vordrangen, um so größer wurden die Reichtümer der Handelsherren. Damit traten sie in die Konkurrenz der bislang übermächtigen Götter mit ihrem reichen Tempelschatz. Am Ende stand der Zusammenbruch der Übermacht der Vorzeitgötter, der je nach Gegend auf unserer Erde in die Zeit zwischen 1000–200 v. Chr. fällt. Was von der Götterwelt jedoch im Bewußtsein der Völker noch mehrere Jahrtausende überlebte, war der Glaube an Götter, oder, inzwischen in der Einzahl gebraucht, an den Gott im Himmel und daran, daß ein guter Mensch nach seinem Tod zu ihm hinauf zum Himmel fahren wird.

Wesentliche Elemente des Vorzeitglaubens wurden in die

Tradition heutiger christlicher Kirchen übernommen. Auch die Verfahren, deren sich die Vorzeitgötter und deren bezahlte Priester zur Verteidigung der Machtposition bedienten, sind in heutigen Kirchen noch üblich. Andersgläubige verursachen Mißtrauen. Sie könnten die eigene Macht untergraben. Dagegen vorzugehen, scheint heutigen Kirchenfürsten oft wichtiger zu sein als eine wahrhaftige Verkündigung des Gottesbegriffs. Alles, was Zweifel an der Richtigkeit der von Religionsgemeinschaften verkündigten Lehre erwecken könnte, muß vom gläubigen Volk ferngehalten werden. Dazu gehören auch Dokumente aus der Vergangenheit, die eine von der offiziellen Kirchenlehre abweichende Deutung zulassen. Zur offiziellen Kirchenlehre gehört auch die Behauptung, der Prophet Ezechiel sei nur ein Visionär gewesen. Was er niedergeschrieben hat, seien Traumgespinste ohne Bezug auf seinerzeitige Realitäten.

Möglicherweise werden mich jetzt viele Theologen ächten, weil ich den Prophet Ezechiel als Kronzeugen verwende, dessen Schilderung über die Cherubim mit Flügeln und darunter befindlichen Armen und Händen vollkommen mit den Cherub-Darstellungen auf der Raimondi-Stele übereinstimmt. Ich muß mich fragen: Ist unsere heutige christliche Religion eine Geheimlehre wie die der Templer, Rosenkreuzler oder Freimaurer? Oder sind heutige Kirchen noch lernfähig und bereit, neue wissenschaftliche Erkenntnisse zu akzeptieren und künftig bei der Verkündigung ihrer Lehre zu nutzen? Ist eine freizügige, offene Diskussion mit Theologen möglich, woher unser »Vaterunser, der du bist im Himmel« wirklich stammt und in welcher Zeit es entstanden ist?

Ähnliche Diskussionen über die Entstehungsgeschichte unserer Zehn Gebote erachte ich für angezeigt. Diese Gebote wurden bereits vor vielen tausend Jahren von den Vorzeitgöttern verkündigt. Es handelt sich um uralte Erfahrungen von Menschen, die zu beachten sind, damit es keinen Mord und Totschlag, Raub und sonstige Verbrechen unter den Menschen gibt. Sie lehren gegenseitige Achtung und Wertschätzung. Die Zehn Gebote haben nichts mit Religion zu tun, sondern sollen alle Menschen dieser Erde gleichermaßen ansprechen. Das wird leider von vielen nicht verstanden. Wenn unsere Kirchen nicht endlich davon Abstand nehmen, sich hinter der Mystik früherer Jahrtausende nach der Art von Geheimlehren zu verstecken, sehe ich für ihr Überleben nur noch geringe Chancen.

Ich erwähnte vorstehend als eine Art von Geheimbünden die Templer, Rosenkreuzler und Freimaurer. In der Allgemeinheit weiß man wenig von ihnen, weil ihre Geheimnisse Außenstehenden kaum zugänglich sind. Tatsache ist, daß von solchen Zusammenschlüssen oft eine erhebliche Macht ausging, die das Zeitgeschehen bestimmte. Heutige Rotarier oder Lions sind keine Geheimbünde mehr wie die des Mittelalters. Doch sie haben recht beträchtliche Einflußmöglichkeiten auf das Geschehen in Politik und Wirtschaft. Wenn Männer der gehobenen Einkommensklassen bei ihren Sitzungen zusammentreffen, wird selbstredend auch über Geschäftliches gesprochen, wer den Auftrag zum Neubau eines Krankenhauses bekommen wird, wer als künftiger Landrat gewählt werden soll und wie man aus den eigenen Reihen in einem Großbetrieb einen lukrativen Vorstandsposten besetzen könnte.

Der Einfluß solcher Männerbünde reicht oft nur bis zur Grenze des Landes, in dem sie tätig sind. Natürlich gibt es auch Geheimbünde, die weltweit ihre Fäden im Spiel haben. Meist verbergen sich dahinter die reichsten Familien unserer Erde. Es ist naiv, anzunehmen, daß das Geschehen in unserer Welt sich nach dem Willen der Völker oder von deren gewählten Regierungen richtet. Was wir auf der Bühne der Weltpolitik sehen, ist oft nur Marionetten-Theater. Wir sehen die Puppen, wie sie tanzen und sprechen, aber nehmen nicht wahr, wer hinter den Kulissen die Fäden zieht.

»Wir sind das Volk«, schrie die Bevölkerung im Oktober und November 1989 in der DDR auf den Straßen und jagte damit das verhaßte SED-Regime unter Honecker auf und davon. Wer an diese Version glaubt, hat nicht verstanden, wie in Wirklichkeit Politik gemacht wird. Der korrupte SED-Staat war weder für Ost noch West länger tragbar. Er mußte aus der Geschichte abtreten. Dazu gaben die Mächtigen dieser Erde die Losung aus, daß im Gegensatz zu Peking in China weder von der UdSSR-Streitmacht noch der DDR-Volkspolizei auf die Demonstranten geschossen werden durfte. Alles lief daraufhin planmäßig. Die Bevölkerung erzwang den Rücktritt der verhaßten Regierung, und niemand des von einer Art Weltregierung inszenierten Spiels verlor sein Gesicht.

Folglich gibt es heute noch »Götter« auf dieser Erde, die sagen, wo es lang geht. Ja, warum auch nicht? Eine Schafherde ohne guten Leithammel landet allzu schnell statt auf einer saftigen Wiese in einer öden Wüste. Haben wir zur Zeit die richtigen Weichensteller in der Weltpolitik? Es sieht so aus. Man weiß, daß mit Atomwaffen niemand niedergeknüppelt werden kann, ohne dabei nicht selbst Schaden zu nehmen. Es besteht Gesprächsbereitschaft, daß in Zukunft alle Völker der Erde nicht mehr gegeneinander-, sondern zusammenarbeiten.

Doch kehren wir zu den Göttern der Vorzeit zurück. Deren Cherub-Technik überlebte nicht bis zur Gegenwart, sondern starb irgendwann aus. Dies hatte nicht allein mit dem Machtverlust der Vorzeitgötter zu tun. Hinzu kam eine

ständig anwachsende Bevölkerung, aus deren Reihen sich billige Sklavenheere rekrutieren ließen. Menschenkraft wurde dadurch weit billiger als Maschinenkraft. Diese Entwicklung setzte sich bis in unser spätes Mittelalter fort. Allerdings wurde die Bevölkerung im Gefolge des Dreißigjährigen Krieges so stark bei uns dezimiert, daß es bereits Arbeitskräftemangel zum Beispiel bei der Bestellung der Felder gab. Doch dies führte noch nicht dazu, daß man sich ernsthaft um die Entwicklung von leistungsfähigen Maschinen als Helfer von Menschen bemühte. Das geschah erst im 18. Jahrhundert, als sich der Abbau von Kohle als notwendig erwies, weil die steigende Bevölkerungszahl nicht mehr ausreichend mit Holz aus den Wäldern für die Beheizung ihrer Hütten und Häuser versorgt werden konnte. Aus den immer größer werdenden Bergwerksstollen mußte das Wasser abgepumpt werden. Dazu reichten bald nicht mehr die von Tieren oder Menschen angetriebenen Pumpen aus. Man brauchte dringend leistungsfähigere Maschinen. Und so entstand etwa 5000 Jahre nach der ersten Cherub-Dampfmaschine eine neue und andere Art von Dampfmaschinen auf unserer Erde.
Im 19. Jahrhundert lösten neu entstehende Industrieunternehmen die bisherigen kleinen Handwerksbetriebe ab. Hier war mehr Kapitalkraft vorhanden als je zuvor, und man konnte sich zunehmend den Einsatz teurer Arbeits- und Werkzeugmaschinen leisten. Seit dieser Zeit begann unsere Technik regelrecht zu explodieren.
Die heutige Form des Zusammenwirkens von Industrie und Wirtschaft wird als »Freie Marktwirtschaft« bezeichnet. Der Staat gestattet allen an Dienstleistungen und der technischen Produktion beteiligten Kräften eine freie, ungebremste Entfaltung. Allein der Markt, also die Käufer, bestimmen die Marschrichtung einer sich weiterentwickelnden

Technik. Der Maßstab, ob ein von einem Unternehmen hergestelltes Erzeugnis gut ist, ist vornehmlich der mit ihm erzielbare Umsatz und Unternehmensgewinn. Als Mittel, um den Umsatz zu steigern, dient eine zugkräftige Werbung, die den Käufermarkt in der erwünschten Richtung manipuliert. Eine freiwillige Selbstkontrolle, ob ein neues Erzeugnis wirklich notwendig zur Hebung des Lebensstandards der Bevölkerung ist, gibt es nicht. Keiner fragt, ob eine weitere Steigerung der Kraftfahrzeugproduktion möglicherweise zum Selbstmord führt, weil die zu hohe Kraftfahrzeugdichte auf den Straßen zum Verkehrskollaps führt. Viele Menschen sehen dann keinen Sinn mehr in der Benutzung eines eigenen Autos und steigen auf den schnelleren, ohne Staus vorankommenden Schienenverkehr um. Wie die Lemminge, die sich bei Erreichen einer zu hohen Bevölkerungsdichte über Felsklippen ins Meer stürzen, steuern mehrere Industriezweige inzwischen ihrem Zusammenbruch entgegen. Es gibt keine Götter, die das sich abzeichnende Chaos einer industriellen Überproduktion steuern können. Welche Rolle spielt in diesem Chaos der kreative Ingenieur, der die neuen Produkte im Auftrag seines Arbeitgebers entwickelt? Er ist mehr oder weniger genauso ein Leibeigener seines Unternehmens wie in der Götterzeit. Man schneidet ihm zwar nicht mehr die Fußsehnen durch, doch knebelt man ihn auf andere Weise. Die Ingenieure in einem Betrieb sind typische Geheimnisträger. Wenn einer von ihnen, der ein neues Produkt entwickelt hat, zur Konkurrenz abwandert und sein Wissen mitnimmt, so kann er damit seinem bisherigen Arbeitgeber Schäden in Millionenhöhe zufügen. Nicht nur der bisherige hohe Einsatz von Forschungs- und Entwicklungsgeldern geht verloren. Durch die Ertüchtigung eines Konkurrenten mit Hilfe eines abgewanderten Ingenieurs verliert man zusätzlich eine ansonsten mögliche Monopolstellung mit guten Preisen und ferner wichtige Marktanteile. Dann fließt oft noch nicht einmal über den noch verbliebenen kleineren Umsatz das Geld zurück, das man als Vorleistung in Form von Forschungs- und Entwicklungsgeldern in die Entwicklung eines neuen Produktes gesteckt hat.

Gegen solche hohen Verluste durch Abwandern von Geheimnisträgern, also von Ingenieuren, versuchen sich selbstredend die Unternehmen zu schützen. Meist geschieht dies heute dadurch, daß man einem Abwandernden einen lukrativen mehrjährigen Mitarbeitervertrag anbietet. Damit wird quasi das bisherige Gehalt weitergezahlt, obwohl der Ausgeschiedene gar nicht mehr für seinen bisherigen Betrieb tätig ist. Sollte er auf den Gedanken kommen, einen neuen Arbeitsplatz bei einem Konkurrenten zu suchen, so treten automatisch Sperrklauseln in Kraft, die einen solchen Schritt praktisch unmöglich machen.

Auch im innerbetrieblichen Einsatz sind die Chancen für einen Ingenieur zur fruchtbaren, kreativen Arbeit stark eingeschränkt. Er braucht zunächst Forschungs- und Entwicklungsgelder, um überhaupt mit der Arbeit auf einem neuen Gebiet anfangen zu können. Die Genehmigung für solche Gelder liegt in den Händen übergeordneter Vorgesetzter. Sie entscheiden allein unter dem Gesichtspunkt, ob das neue Produkt so gut auf dem Markt ankommen kann, daß die Vorleistungen an Forschungs- und Entwicklungsgeldern möglichst mehrfach durch guten, gewinnbringenden Umsatz wieder zurückfließen. Damit bestimmt überwiegend der Markt, und nicht das Wissen und Können eines Ingenieurs, in welcher Richtung sich die Technik fortentwickelt.

Da vorbenannte Machtstrukturen leider Realität sind, haben kreative Ingenieure nahezu keinerlei Einfluß darauf, in

welcher Richtung sich unsere Technik entwickelt. Sie wissen nicht einmal, ob die heutige Art von Technik die einzig mögliche und wirklich richtige ist. Für solche Grundsatzuntersuchungen zahlt kein Unternehmen einen Pfennig Geld, weil sie nicht zur Umsatzmaximierung beitragen.
Erweist sich eine technische Neuentwicklung als Irrläufer, weil sie zum Beispiel unverträglich mit unserer Umwelt ist – als Beispiel nannte ich anfangs den Einsatz von Mikrowellen bei Richtfunk und Radar – so weist selbstredend die Leitung eines Unternehmens alle Verantwortung von sich. Für solche Fragen sei man nicht sachkompetent. Das müssen die Wissenschaftler beurteilen.
Damit bringen die Industrie- und Wirtschaftsunternehmen eine ganz spezielle Kaste heutiger »Götter« ins Spiel. Es sind die Professoren an unseren Hochschulen und Forschungsinstituten.
Leider sind die meisten unserer Professoren ab einem bestimmten Alter nicht mehr lernfähig. Sie beschränken sich darauf, die Arbeiten aus der Blütezeit ihrer wissenschaftlichen Tätigkeit zu verteidigen, auch wenn sich längst erwiesen hat, daß die seinerzeitigen Ergebnisse nicht stimmen können. Häufig geschieht es, daß die besseren und richtigeren Ergebnisse neuer Forschungen erst dann ans Licht der Öffentlichkeit gelangen, wenn ein starrköpfiger alter Professor das Zeitliche gesegnet hat. Dann stürzt sich die nachfolgende Generation darauf, die Arbeiten des verstorbenen Professors zu verreißen, um sich auf dem verbliebenen Scherbenhaufen als neuer »Gott« ins rechte Licht zu setzen. Dieses verwerfliche Spiel wiederholt sich seit längerer Zeit von Generation zu Generation in unserm Wissenschaftsbetrieb, was meist dazu führt, daß der Wissensstand an den Hochschulen dem der dynamischeren Industrie hinterherhinkt. Wenn man in der Industrie merkt, daß ein

bislang von ihr beschäftigter anerkannter Wissenschaftler nichts mehr bringt, sich auf bisherigen Lorbeeren ausruht und damit den weiteren Fortgang der Forschung hemmt, dann versetzt man ihn kurzerhand in den vorzeitigen Ruhestand. Zu einem derart konsequenten Vorgehen fehlt es an den Hochschulen und anderen Forschungsanstalten an Mut. Damit scheiden solche Institute aus, um rechtzeitig beurteilen zu können, welche Folgen eine von der Industrie neu eingesetzte Technik für die Menschheit und deren Umwelt hat.

Wenn jemand darüber Klage führt, die Atomenergietechnik hätte niemals eingeführt werden dürfen, weil das Risiko zu hoch ist und wir nicht wissen, wo die radioaktiven Abfälle hin sollen, dann muß man die Frage stellen, wer eine solche Fehlentscheidung hätte rechtzeitig verhindern können. Es hat zu keiner Zeit eine Stelle gegeben, die sich kritisch mit den Folgen einer möglicherweise in die Irre laufenden neuen Technik hätte auseinandersetzen können. Und es wird auch in Zukunft keine Stelle oder beratende Kommission geben, die sich mit solchen »Technik-Folge-Abschätzungen« befaßt. Die Lobby unserer Industrie mag eine »Schutzpolizei vor technischen Irrtümern« nicht. Sie würde die Dynamik der freien Wirtschaft hemmen und gegenüber anderen, weniger kritischen Ländern nur Wettbewerbsnachteile bringen.

Völlig unkontrolliert und ohne Langzeitkonzept steuert unsere Erde immer schneller in den technischen Kollaps. Doch keine Angst, das Ende dieser turbulenten Entwicklung ist vorprogrammiert. Wenn die Rohstoffreserven unserer Erde aufgebraucht sind, stirbt diese Art unserer heutigen Technik zwangsweise aus und läßt sich nicht wiederbeleben.

In der griechischen Mythologie sagt man dem Gott Zeus

nach, er habe beschlossen, die verruchte Generation der Bronzezeit durch eine Sintflut zu vernichten. Wenn Gott Zeus heute noch das Sagen hätte, würde er über die gegenwärtige verruchte Generation mit ihrer umweltvernichtenden Technik vermutlich dasselbe Urteil fällen.
Diskutiert man mit gestandenen Ingenieuren über dieses Thema, erntet man meist nur ein müdes Schulterzucken. Wir Ingenieure können an dieser Entwicklung nichts ändern. Wir wissen es: *Nach uns die Sintflut!*

15

Wie nun weiter?

Angesichts des scheinbar unvermeidbaren Zusammenbruchs unserer Art von Technik innerhalb weniger hundert Jahre stellt sich die Frage, was sich hieran noch ändern läßt. Bevor hierauf eine Antwort möglich ist, bedarf es einer selbstkritischen Untersuchung, was an der heutigen Technik vielleicht falsch ist und sich ändern ließe. Dazu müssen wir unter anderem die Wurzeln unserer jetzigen Technik bloßlegen. Sie ist ein Kind moderner abstrakter Wissenschaft. Physik und Technik befruchteten sich gegenseitig. Das Entstehen der ersten elektrischen Maschinen fiel mit den wissenschaftlichen Erkenntnissen über das Wesen von Elektrizität und Magnetismus zusammen. Manchmal gab es auch Zufallsentdeckungen im Labor wie zum Beispiel bei der Supraleitung, bei denen es längst zu technischen Anwendungen kam, ohne daß die Wissenschaftler die physikalischen Zusammenhänge zutreffend klären konnten. Ganz allgemein trifft zu, daß die wechselseitige Befruchtung von Physik und Technik im abgelaufenen Jahrhundert die Dynamik und den inzwischen erreichten Stand bei der Entwicklung der Technik bestimmt hat. Wir sind heute unter Verwendung der physikalischen Gesetze in der Lage, neue Erzeugnisse so zuverlässig vorauszuberechnen und zu konstruieren, daß sie an ihrem künftigen Einsatzort auf Anhieb funktionieren. So muß es auch sein, weil nachträgliche Korrekturen oder Reparaturen nahezu unmöglich sind. Als

Beispiel hierfür seien die im Weltraum arbeitenden Satelliten und Sonden genannt. Eine praxisnahe Erprobung vor dem Start ist an der Erdoberfläche unter schwerelosen Weltraumbedingungen nicht möglich.
Zunehmend stößt in den letzten Jahren unsere Physik an Grenzen. Die Suche nach den kleinsten Teilchen, aus denen sich die Materie zusammensetzt, führte zu einem kaum noch begreifbaren »Teilchenzoo«. Um alle bekannten Wechselwirkungen in einer sie verbindenden »Weltformel« unterbringen zu können, mußte man mit elf Dimensionen arbeiten. Doch laut Einstein sollte es nur drei Raum- und eine Zeit-Dimension geben. Inzwischen suchen Theorien über mehr als vierdimensional eingefaltete holografische Ordnungssysteme einen Ausweg aus der Misere.
Ob die bisherige Urknalltheorie stimmt, daß am Anfang des Weltalls einmal alle Energie in einem winzigen Punkt konzentriert war, weiß auch keiner mehr so recht. Physik scheint sich zunehmend von einer exakten Wissenschaft zu einer Glaubensgemeinschaft hin zu entwickeln. Völlig unzureichend sind die Kenntnisse der Wissenschaft an der Nahtstelle zwischen toter Materie und lebenden Organismen. Was ist Leben? Lediglich eine Folge komplizierter chemischer Vorgänge, um einen Organismus mit Energie und Nahrung für Lebensvorgänge und den Massezuwachs zu versorgen? Wenn man einem Physiker zusätzlich die Frage stellt, was insbesondere der Sinn des Lebens ist, so wird er hilflos und erklärt, für eine solche Frage sei er nicht zuständig.
Hinter allem, was geschieht, muß nun aber einmal ein Sinn stehen, auch, ob die Weiterentwicklung der Technik in einer bestimmten Richtung noch einen Sinn hat oder bereits sinnlos geworden ist. Was nützen zum Beispiel immer bessere, flimmerfreie Fernsehgeräte, wenn das von ihnen wie-

dergegebene Programm immer schwachsinniger wird, so daß kaum noch jemand das Fernsehgerät einschaltet und sich, wenn es kaputt ist, kein neues mehr kaufen wird?
Diese Sinn-Frage ist eine ernsthafte Bedrohung des weiteren technischen Fortschritts. Mancher stundenlang im Stau stehende Autofahrer wird sich fragen, ob es überhaupt noch einen Sinn hat, mit dem eignen Auto zu fahren. Die Technik stößt an Grenzen, an denen sie sich selbst als Schwachsinn, Widersinn oder totaler Unsinn entlarvt und fortan in dieser Form von der Bevölkerung nicht mehr akzeptiert wird.
So ist nicht auszuschließen, daß durch solche rein gefühlsmäßigen Reaktionen viele Menschen die weitere Expansion der Technik bremsen werden und damit deren Kollaps infolge Erschöpfung der Rohstoff-Reserven unserer Erde hinausschieben.
Noch eine ganz andere Entwicklung muß ins Kalkül gezogen werden. Die Bevölkerung auf der armen Südhalbkugel unserer Erde vermehrt sich ungebremst, indessen die Bevölkerungsdichte in den reichen Industrieländern des Nordens stagniert oder sogar abnimmt. Unvermeidbar bildet sich ein Überdruck im Süden heraus, der sich irgendwann entladen muß. Sinnvoll für uns Nordländer wäre es, rechtzeitig Ventile zu installieren, durch die ein Teil des Überdrucks abgelassen wird. Hierfür gibt es durchaus Möglichkeiten. Viele klagen über den heutigen Streß im Berufsleben oder im Haushalt. Muß das wirklich sein? Müssen wir uns immer mehr Arbeit in immer kürzerer Zeit aufhalsen, indessen es auf der Südhalbkugel Millionen von Menschen gibt, die keinerlei sinnvoller Arbeit nachgehen können und lediglich mit einer Schüssel voll Reis von einem Tag zum anderen dahinvegetieren? Warum verwerten wir nicht das dortige unerschöpfliche Arbeitspotential, um uns im Norden das

Leben wesentlich leichter zu machen? Wer verhindert eigentlich eine solche sinnvolle Entwicklung?
Zunehmend wird uns bewußt, daß das Heil auf dieser Erde nicht darin besteht, immer mehr Technik und Maschinen zum Einsatz zu bringen, welche menschliche Arbeitskraft überflüssig machen. Wir müssen die anfallende Arbeit gleichmäßiger auf alle Menschen dieser Erde verteilen. Damit stoppen wir die weitere Expansion der Technik, vermindern das Risiko eines Umweltkollapses – zum Beispiel durch die Treibhausglocke – und strecken den Bedarf an Rohstoffen, auf daß die noch vorhandenen Reserven in unserer Erde länger halten.
Ein anderes in Kürze zu klärendes wesentliches Problem betrifft die Frage, ob unsere heutige Art der Technik die einzig mögliche und auch richtige ist. Alles dreht sich in unserer Technik. In der freien Natur gibt es kein einziges Lebewesen, das sich der drehenden Bewegung bedient. So etwas ist für Lebewesen unmöglich, weil alle Glieder und Organe mit Fasern und Röhren verbunden sind, die sich bei fortlaufenden Drehbewegungen aufwickeln und zerstören würden. Ist eventuell die Natur, weil sie nicht in der Lage war, Gleitringdichtungen oder Schleifringe für rotierende Teile zu entwickeln, auf einer niederen Stufe als bei unserer heutigen Technik stehengeblieben? Oder hat sie grundsätzlich diese Entwicklungsrichtung vermieden, weil sie nicht sinnvoll ist?
Das trifft mit Sicherheit für die Fortbewegungsmechanismen zu. Der in unserer Technik gebräuchliche Einsatz von Rädern an Fahrzeugen setzt voraus, daß wir zunächst die Natur zerstören, um aus Beton oder Asphalt plane und saubere Abrollflächen für Räder zu schaffen. In der Natur ist alles Leben so miteinander verzahnt, daß keinem Wesen das Recht zusteht, etwas natürlich Gewachsenes wegen eigener Vorteile

großflächig zu vernichten. Solche Rechte hat sich erst der Mensch in seiner Überheblichkeit herausgenommen.
Wenn wir Menschen uns in der Zukunft unter Verzicht auf Straßen ähnlich wie Tiere fortbewegen wollen, müßten wir deren Mechanismen mit vier Beinen nachbilden, entweder den des Nilpferds oder einer Gazelle. Mit dem heutigen Gewicht eines Autos von etwa 1000 Kilogramm wäre nur das Nilpferd als Vorbild verwertbar. Dann kämen wir aber zu langsam voran. Wenn wir die Geschwindigkeit einer Gazelle erreichen wollen, müssen wir primär das Gewicht des Fahrzeugs erheblich reduzieren, zum Beispiel auf 100 Kilogramm. Damit kämen wir in die Größenordnung heutiger Motorräder. Das ist nicht jedermanns Sache. Damit es nicht umfällt, sollte es mindestens drei Räder und als Witterungsschutz noch eine durchsichtige Plastikhülle haben. Solche Fahrzeuge hat es in der Zeit nach dem Zweiten Weltkrieg schon gegeben. Aller Wahrscheinlichkeit nach existiert ein großer Markt für wirtschaftliche, Umwelt und Ressourcen schonende Kleinfahrzeuge. Doch die Industrie bietet keine an. Der Grund ist ganz einfach: Es ist genug Geld unter den Menschen, um sich ein großes, komfortables Auto leisten zu können. Käme etwas wesentlich Billigeres auf den Markt, so wird damit die Auslastung der vorhandenen Fabrikanlagen gefährdet. Und zudem werden eine Menge Arbeitsplätze in der Automobilbranche vernichtet, ergänzen die Gewerkschaftsfunktionäre.
Das Vorbild der Natur, daß die wesentliche Voraussetzung für eine schnelle und wirtschaftliche Fortbewegung ähnlich wie bei einer Gazelle ein niedriges Eigengewicht ist, wird folglich in unserer Art von Technik völlig ignoriert. Warum verweigern wir, die jahrmillionenlangen Erfahrungen der Natur bei der Entwicklung neuer technischer Erzeugnisse zu verwerten?

Wenden wir uns nunmehr einem anderen Vorbild der Natur zu, dem Schwingflügelflug der Vögel. Ich habe mich oft gefragt, wie es einem relativ schweren Vogel wie einer Gans oder einem Schwan möglich ist, nach wenigen Meter Anlauf sich mit kräftigem Flügelschlag in die Luft zu erheben. Dabei ist ihre Nahrungsaufnahme, um körperliche Leistungen wie das Fliegen zu vollbringen, relativ gering. Wir wissen, daß unsere Armmuskulatur zu schwach ist, um mit Schwingflügeln fliegen zu können. Also brauchen wir Maschinen zum Fliegen. Von den ersten leichten Flugmaschinen und heutigen Leichtbauflugzeugen wissen wir, daß ein Motor mit etwa 30 Kilowatt bereits ausreicht, um sich in die Luft erheben zu können. Bislang liegen jedoch nur Erfahrungen mit starren Flügeln und Propellervortrieb vor. Wenn ein solches Fluggerät, das schwerer als Luft ist, fliegen soll, muß der Propeller eine Mindestgeschwindigkeit zustandebringen, auf daß sich eine ausreichende Druckdifferenz zwischen Ober- und Unterkante der Tragflächen ausbilden kann. Es ist ähnlich wie beim Wasserskifahren. Hier beginnt auch erst der Ski bei einer bestimmten Mindestgeschwindigkeit auf der Wasseroberfläche zu gleiten. All das funktioniert nur mit Hilfe hoher Motorleistung für den Vortrieb.
Für den Schwingflügelflug der Vögel gelten andere Kriterien. Der Auftrieb wird durch den Abwärtsschlag der Flügel und den dadurch auf die Luft ausgeübten Druck erzeugt. Aus Abschätzungen entnehme ich, daß der Schwingflügelflug mit wesentlich weniger Antriebsleistung als der Flug mit starren Tragflächen und Propellern auskommt. Es ist mir unverständlich, warum sich bislang noch niemand in unserer Technik mit Schwingflügel-Fluggeräten auseinandergesetzt hat. Doch die Menschen in unserer Vorzeit haben es getan, weil sie nicht klüger sein konnten, als was ihnen die

Moderne Version eines Heißluftschiffes

Bild 39: Modernes Heißluftschiff mit großem Ballonvolumen, das auch ohne Schwingflügel-Auftrieb in der Luft »schwimmt«. Die Flügel dienen dann bevorzugt zum Vortrieb.

Natur als Vorbild anbot. Der seine Arme schwingende Cherub ließ auch gar keine andere Bauweise für Fluggeräte zu als solche, die mit Schwingflügeln arbeiteten.

Wer verbietet uns, die vor mehr als 2000 Jahren bewährte Technik des Fliegens wiederzubeleben und mit heutigen modernen Mitteln nachzuerfinden? Bild 39 zeigt, wie eine moderne Kombination eines zeppelinartigen Heißluftschiffs mit einem Schwingflügel-Vor- und Auftrieb ausschauen könnte. Der Nachteil eines großen Ballons besteht darin, daß er bei der Vorwärtsbewegung einen relativ hohen Luftwiderstand hat. Andererseits bietet ein großer Ballon Sicherheitsreserven für den Fall, daß die Antriebsmaschine ausfällt. Er schwebt dann relativ langsam wegen sich abkühlender Luft im Ballon zur Erde, kann also nicht wie ein heutiges Flugzeug schlagartig abstürzen. Vermutlich gibt es ein Optimum bezüglich wirtschaftlicher Ballongröße und Auftrieb durch Heißluft im Verhältnis zu dem durch Schwingflügelschlag, das gesucht werden müßte. Es ist kaum damit zu rechnen, daß sich die Industrie in nächster Zeit mit der Entwicklung von kleinen Schwingflügel-Fluggeräten für einen eventuellen Individualverkehr auseinandersetzt. Es dürfte aber ein interessantes Betätigungsfeld für engagierte Bastler sein, um überhaupt erst einmal zu Erkenntnissen zur Physik, über die Wirtschaftlichkeit und technische Machbarkeit von solchen Kleinflug-Geräten zu gelangen. Der Aufwand für erste Versuche durch Bastler ist meines Erachtens gering. Man besorge sich einen alten, etwa 10 Kilowatt starken Motor eines Motorrads, bringe auf der Kurbelwelle eine Schwungscheibe als Energiespeicher und ein Untersetzungsgetriebe an. Wenn von zum Beispiel 6000 Umdrehungen pro Minute die Drehzahl für einen Exzenter zur Betätigung der Schwingflügel mit einem Flügelschlag pro Sekunde herabgesetzt werden muß, bedarf es dann einer Getriebeuntersetzung von etwa 1:100, also zum Beispiel von zwei Zahnrädern hintereinander mit jeweils 1:10-Untersetzung. Zunächst läßt man das Gebilde ähnlich Bild 40 mit Fernsteuerung am Seil als Fesselflugzeug seine Runden drehen. Wenn alles gut geht, kann der Versuch gestartet werden, sich mit diesem neuartigen Schwingflügel-Gerät selbst wie in unserer Vorzeit die Götter in die Luft zu erheben. Es gibt einige Hinweise, daß es zum Beispiel in Indien um 1500 v. Chr. Flugmaschinen gegeben hat, die auch ohne Ballonunterstützung für den Auftrieb fliegen konnten. Ein praxisnahes Experiment könnte uns zu einer Aussage verhelfen, ob die Überlieferung aus dem alten Indien richtig ist.

Doch wozu kann eine Wiederbelebung der Vorzeitflugtech-

Modell für einen modernen »Schwingflügler«

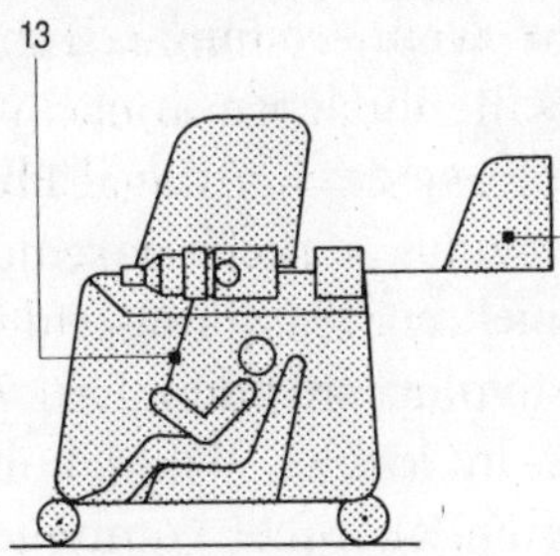

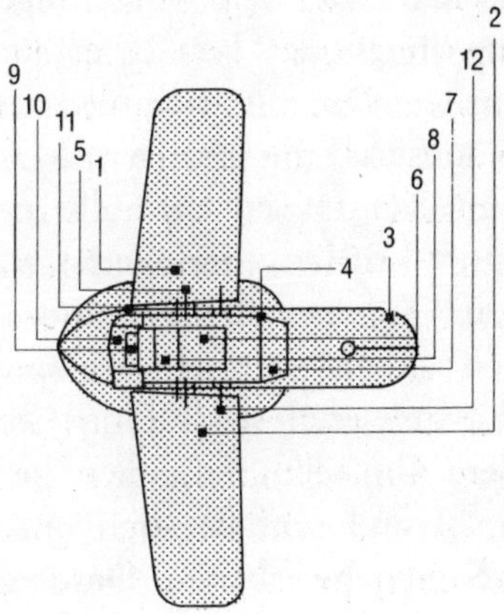

1, 2 Schwingflügel aus Stoff über Rohrrahmen. 3 Rumpf-Rohrrahmen. 4 Motorblock-Rohrrahmen, der um 5 Drehpunkt schwenkbar ist. 6 Motorblock, z.B. von Motorrad. 7 Kraftstofftank. 8 Schwungradspeicher. 9 Untersetzungsgetriebe, z.B. 100:1. 10 Exzenterscheibe mit Pleuelstange. 11 Schwenkscharnier für Schwingflügel. 12 Stellhebel für Flügelstellung beim Abwärtsschlag; Abkippen der Flügel beim Aufwärts-Rückholen. 13 Steuerknüppel. 14 Seitenleitwerk.

Bild 40: Prinzipskizze für den Prototyp eines Schwingflüglers als Naturkopie des Vogelflugs.

nik der Götter gut sein? Unserem heutigen Kraftfahrzeugverkehr auf den Straßen droht der Zusammenbruch. Bei der gegenwärtigen Flugtechnik müßten zu deren Nutzung im Jedermann-Individualverkehr eine große Zahl von Start- und Landebahnen gebaut werden. Es gibt Hubschrauber, die keine Betonpisten zum Anlaufnehmen beim Start brauchen. Doch das ist eine unbezahlbare Technik für den kleinen Mann. Mit der Naturkopietechnik nach dem Vorbild, wie ein relativ schwerer Schwan mit Schwingflügeln fliegen kann, sehe ich hingegen recht gute Möglichkeiten, damit den Menschen ein kostengünstiger, schneller Verkehrsweg durch die Luft erschlossen wird.

Die Natur kann sich keine Energieverschwendung erlauben. So etwas ist in Hungerzeiten nicht überlebensfähig. Weil dieses Prinzip auch bei der Entwicklung der Cherub-Dampfmaschinen als Kopie der Funktion eines armeschwingenden Menschen von den Vorzeitingenieuren verwertet wurde, gelang ihnen der Bau einer uns völlig fremden Art von Einspritzer-Dampfmaschinen, die in idealer Weise hohen Wirkungsgrad mit geringem Maschinengewicht kombiniert. Wir müssen uns auf alle Fälle mit solchen Maschinen in der Zukunft kritisch auseinandersetzen. Sie könnten zur Konkurrenz heutiger Benzin- und Dieselmotoren werden. Ihr Vorteil ist, daß sie nicht auf speziell aufbereitete Erdölderivate angewiesen sind. Eine Cherub-Maschine kann ohne größere Umstellmaßnahmen genauso gut mit Raps- oder Kokosöl und notfalls auch mit eingeblasenem Kohlestaub oder Sägemehl arbeiten. Dafür gibt es Beweise aus unserer Vorzeit. Anfangs flogen die Götter mit Tierfett, später mit Holzkohle und schließlich dann mit Lampenöl zum Beispiel aus Oliven. So könnte mit einer in einem Traktor eingebauten Cherub-Maschine in abgelegenen Gebieten von Entwicklungsländern ermöglicht werden, statt mit importiertem teuren Dieselöl mit demjenigen Brennstoff zu fahren, der in der Umgebung leicht verfügbar ist.

Das Kernproblem für die Zukunft unserer Technik besteht in der Bereitstellung ausreichender Energiemengen in einer Zeit, in der es keine fossilen Brennstoffe wie Erdöl, Erdgas und Kohle mehr gibt. Dann müssen wir auf die Nutzung der täglich einstrahlenden Sonnenenergie zurückgreifen. Eine andere Möglichkeit gibt es nicht mehr. Wesentlich ist, daß die in Elektroenergie gewandelte Sonnenenergie bezahlbar ist. Dann kann es uns noch möglich sein, aus Erzgruben, die wir inzwischen wegen zu geringer Ergiebigkeit aufgelassen haben, noch etwas an dringend benötigten Erzen herauszuholen. Auch werden wir dann unsere Mülldeponien aus dem 20. Jahrhundert nach Resten von alten Autokarosserien oder Konservendosen durchwühlen. Wichtigste Voraussetzung für die Realisierbarkeit von Recycling-Prozessen ist die Verfügbarkeit kostengünstiger Energie. Noch ist die heutige photovoltaische Solartechnik zur Wandlung von Sonnenlicht in Elektroenergie mit Hilfe von Siliziumhalbleitern viel zu kostenaufwendig. Wie ginge es wesentlich billiger?

Auch hier liefert uns die Denkweise unserer Vorzeit-Naturkopietechniker einen verwertbaren Ansatz. Das Leben begann in den ersten Weltmeeren, nachdem sich die Erde ausreichend abgekühlt hatte, in Form von riesigen Algen- und Tangkolonien. Sie nutzten die von der Sonne kommende Energie zur Photosynthese und somit für Lebensvorgänge und zur Erzeugung immer neuer Biomasse. Dazu schwimmen mit Hilfe eingeschlossener Luftbläschen die Algen- und Tangkulturen dicht unter der Meeresoberfläche, um möglichst viel vom Sonnenlicht nutzen zu können. Solche Tangkulturen, die es seit etwa drei Milliarden Jahren auf der Erde gibt, haben bis in die Gegenwart überlebt. So existiert in der Nähe der Bermuda-Inseln eine riesige Meeresfläche, das Sargossameer, das dicht mit Tang und Algen bewachsen ist.

Es ist mit unserer heutigen Technik relativ einfach, dieses bewährte Vorbild zur Sonnenenergienutzung zu kopieren. Wir verfügen über transparente, meerwasserbeständige Polyethylenfolien, die von alleine an der Meeresoberfläche schwimmen, weil sie leichter als das verdrängte Wasser sind. Zwischen zwei Folien bringe man nach inzwischen bewährten Verfahren eine hauchdünne und flexible Siliziumschicht an. Spezialschiffe verlegen die aus Polyethylenfolien zusammengesetzten großen Solarteppiche in sonnigen, küstennahen Gewässern, (Bild 41). Sechs solcher Teppiche vor der Nordküste des Mittelmeers (Bild 42) reichen aus, um ganz West- und Mitteleuropa mit soviel aus Sonnenenergie gewandelter Elektroenergie zu versorgen, daß der Fortbestand unserer Zivilisation für die nächsten Jahrtausende gesichert ist. Auch das Problem der Nachtstromspeicherung, also Energieversorgung in Zeiten, in der die Sonne nicht scheint, ist relativ leicht lösbar. Dazu reichen die bereits vorhandenen Speicherseen in den Alpen völlig aus, wenn wir sie für einen zyklischen Pumpspeicherbetrieb ausbauen (Bild 43).

Selbstredend läßt sich eine solche maritime Solartechnik auch zur künftigen Energieversorgung armer Entwicklungsländer nutzen. Dazu wären Solarteppiche vor den Küsten Afrikas oder Indiens auszulegen. Wenn dann dort im Landesinneren elektrischer Strom zum Beispiel zum Kochen zur Verfügung stünde, entfiele die Notwendigkeit, Holz zu suchen und Bäume zu fällen. Die Natur erhielte eine Chance, sich zu regenerieren.

70 Prozent unserer Erde sind mit Wasser bedeckt. Die Fläche, die wir zur künftigen Energieversorgung der ganzen Erde mit Hilfe von Solartechnik mit schwimmenden Folien bedecken müßten, liegt unterhalb von Promille der Meeresoberfläche, würde also ökologisch unbedenklich sein. Im Gegensatz zu auf der Erde aufgestellten Solaranlagen, wie gegenwärtig allein in der Planung, ging bei maritimen Anlagen kein Lebensraum für Menschen verloren. Selbsttragende, schwimmende Solarfolien kosten zudem nur ein Bruchteil von in heißen Wüsten und Steppen mit aufwendigen Gestellen und Kästen montierten Solaranlagen. Sie

Schwimmende Solarpontons als Naturkopie von Algenteppichen

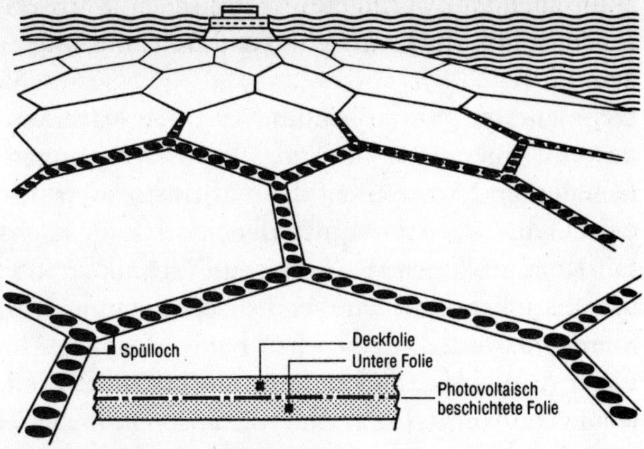

Bild 41: Maritime Solarfolien kopieren Vorbild der Natur.

Standorte für maritime Solarpontons

Bild 42: Die kleinen Quadrate zeigen Standorte und Größe von Solaranlagen an der Mittelmeerküste.

Solarstromspeichern für die Nacht

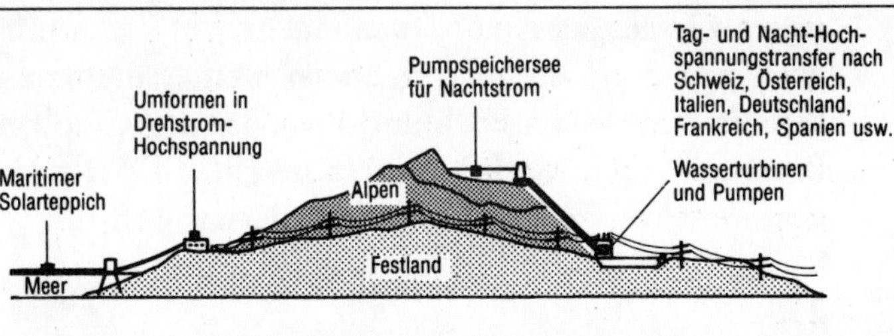

Bild 43: Zur Nachtstromversorgung reichen vorhandene Speicherseen in unseren Alpen aus.

unterliegen wegen der gleichmäßigen Temperatur in einem Meer auch weit geringeren thermischen Wechselspielen als in heißen Wüsten und haben dadurch eine längere Lebensdauer.

Seit mehreren Jahren bemühe ich mich, nachdem ich mich durch Firmenkontakte und viele Berechnungen von der technischen Machbarkeit der maritimen Solartechnik überzeugt habe, unsere Ministerien, Forschungsanstalten und EG-Kommissionen für diese neue Technik zu interessieren, damit endlich konkrete Versuchsprogramme in Angriff genommen werden. Inzwischen habe ich einen Aktenordner voller Antwortschreiben. Es ist niederschmetternd, mit welchen Argumenten sich die von unseren Steuergeldern bezahlten Bürokraten verweigern, neue Vorschläge über die maritime Solartechnik zu überprüfen. Es handelt sich um eine reine Naturkopietechnik. Das Kopieren bewährter Vorbilder der Natur ist das schnellste, kostengünstigste und risikoärmste Verfahren, um schnell ein von uns dringend zu lösendes Problem in den Griff zu bekommen. Mit der Installation von Solarteppichen vor der Mittelmeerküste schaffen wir schnelle und gute Voraussetzungen, um die Atomreaktoren ohne Nachteile für die Wirtschaft ausschalten zu können. Durch verstärkten Übergang auf Solarstrom werden die kohleverfeuernden heutigen Kraftwerke überflüssig. Die Raumheizung könnte auf solar erzeugte Elektrizität umgestellt werden. Damit würde die bisherige Kohlendioxid-Emission derart reduziert, daß wir keine Angst mehr vor dem Treibhauseffekt und Umkippen des Klimas auf unserer Erde zu haben bräuchten.

Aber leider ist es noch nicht so weit, daß man sich bei technischen Neuentwicklungen zunächst fragt, ob es bereits bewährte Vorbilder in der Natur gibt, die man kopieren könnte. So etwas müssen wir erst wieder lernen.

16

Nachwort

Ich habe in meinem Buch einen weiten Bogen von den Göttern unserer Vorzeit bis hin zu den heutigen Mächtigen über unsere Art moderner technischer Zivilisation zu spannen versucht. Warum?
Zu allen Zeiten gab und gibt es Menschen, die mächtiger sein wollen als ihre Mitmenschen. Die Angst, die Macht wieder verlieren zu können, veranlaßt sie, einen Mythos um sich aufzubauen, zum Beispiel ein Gott zu sein, der anderen Menschen Furcht und Respekt einflößt. Das ist die Aufgabe der Priester, die der Gott sich als Gehilfen hält und die er für ihre Dienste bezahlt. Um Macht zu demonstrieren, ist es gut, dem Volk etwas vorzuzeigen, was es nicht verstehen kann, wie zum Beispiel das Fliegen am Himmel. So etwas kann nur ein »Gott«, meinte das einfache, gläubige Volk in der Vorzeit.
Zu allen Zeiten hatten Götter Angst, daß ihre Geheimnisse verraten werden könnten. Dies würde einen Rivalen stärken und die Gottesfurcht unter den Untergebenen beeinträchtigen. Daher muß man Geheimnisträger fest an sich binden und ihnen jede Flucht oder jede Art von Verrat unmöglich machen. Seit unserer Vorzeit bis heute hat sich diesbezüglich am Verhalten von Menschen und selbsternannten Göttern wenig geändert. Daher meine ich, daß die Götter der Vorzeit genauso Menschen unserer Erde waren, wie wir es heute sind. Was grundsätzlich anders in der Vorzeit war, ist

die Art der Entwicklung neuer technischer Erzeugnisse. Heute ist die abstrakte Physik die Basis für Neuentwicklungen. So etwas kannte man in der Vorzeit nicht. Man wählte einen weit einfacheren und natürlicheren Weg, indem man seit Jahrmillionen bewährte Vorbilder der Natur mit technischen Mitteln zu kopieren versuchte. Wir müssen diese Art der Technik-Entwicklung wieder verstehen lernen. Er ist weniger kostspielig als der heutige Weg mit vielen Berechnungen, langen Erprobungszeiten für Versuchsmuster und Nullserien, bis endlich ein Serienfabrikat reif zur Markteinführung ist.
Mit den vorstehenden Ausführungen und Beispielen für eine gute Naturkopietechnik möchte ich an meine Ingenieurskollegen appellieren: Wenn Sie ein technisches Problem haben, bitte denken Sie zunächst darüber nach, welches eventuell verwertbare Vorbild es in unserer Natur schon gibt. Damit eröffnet sich ein nahezu unerschöpfliches Feld für viele sinnvolle Innovationen. Sie stehen, weil es eben Kopien der Natur sind, mit ihr im vollen Einklang und schließen das Risiko einer weiter umsichgreifenden Umwelt- und Naturzerstörung von vornherein aus.
Ich mache kein Hehl daraus, daß ich mit meinem Buch unsere Archäologen, Historiker und auch Theologen provozieren möchte, ihre bisherigen Theorien zu überdenken. Es geht nicht, daß man immer nur von Vorgängern abschreibt und dies als anerkannte Lehrmeinung in der Öffentlichkeit bezeichnet. Wenn neue Fakten auf den Tisch kommen, muß man sich mit ihnen kritisch auseinandersetzen und darf sie nicht von vornherein in Bausch und Bogen als unqualifiziert verreißen. Was ich von vorbenannten Gelehrten erhoffe, sind kritische Stellungsnahmen zu folgenden Fragen:
1. Ist es zulässig, den alttestamentarischen Begriff »Che-

rub« mit »engine« beziehungsweise »Maschine« und das Wort »Wolke« mit »Ballon« zu übersetzen, auch auf die Gefahr hin, daß nunmehr viele Stellen des Alten Testaments erstmals verständlich und begreifbar werden?

2. Darf man die Herrschaft des alttestamentarischen Gottes der Israeliten mit gutem Gewissen als eine Art Technokratie bezeichnen, bei der die Demonstration technischer Überlegenheit als wesentliches Mittel zur Erzeugung von Respekt und Gottesfurcht diente?

3. Nachdem es im Vorderen Orient, im Mittelmeerraum und in Indien viele Überlieferungen gibt, in denen von am Himmel fliegenden Göttern berichtet wird, stellt sich die Frage: Sind das alles nur Phantastereien, Visionen oder Realitäten?

4. Im Vaterunser der Christen wird betont, daß Gott im Himmel ist und sein Wille im Himmel so auf Erden geschehen werde. Ist dieser Glaube in einer Zeit entstanden, in der tatsächlich die Vorzeitgötter am Himmel fliegen konnten, also mehr oder weniger heidnischen Ursprungs? Welche Erklärung gibt es ansonst über die Entstehung des Vaterunsers?

5. Das Alte Testament nennt für die Arche Noahs Abmessungen, die einem heutigen modernen Mittelmeerkreuzfahrtschiff entsprechen. Der jüdische Gelehrte Flavius Josephus berichtet uns von hochseetüchtigen Schiffen, die zusätzlich zur Besatzung 600 Passagiere und erhebliche Mengen an Fracht aufnehmen konnten. Sind das Märchen oder Realitäten? Woher besaßen die Menschen in der Vorzeit das Wissen, um solche großen Schiffe bauen und auf den Meeren manövrieren zu können?

6. Wer kann den Beweis antreten, daß auf der Raimondi-Stele aus Chavin de Huantar lediglich Raubkatzen- und Schlangensymbole dargestellt sind und das Erkennen von

vier übereinanderstehenden Kesseln und schwingenden Armen absurd ist?

7. Wenn man die Darstellung auf der Raimondi-Stele unter Verzicht auf Wiederholteile auf die einfachsten Konstruktionsmerkmale abmagert, bleibt ein armeschwingender Cherub übrig, der Menschengestalt hat und voll den Schilderungen von schreckeinflößenden Torwächtern im Alten Testament und anderen Überlieferungen entspricht. Ist die Deutung zulässig, daß tatsächlich die Cherubim der Vorzeit so aussahen und, wie von mir im einzelnen beschrieben, funktionierten?

8. Der Prophet Ezechiel schildert die Bauweise der Cherubim mit Armen und Händen unter Schwingflügeln genauso, wie es sich aus der Analyse der Raimondi-Stele ergibt. Ist das nur Zufall? Oder besteht endlich Bereitschaft, dem Ezechiel zuzugestehen, daß er kein Visionär war, sondern etwas geschildert hat, was er real gesehen hat?

9. Professor Dr. Gallez weist an Hand von alten Landkarten mit eingezeichneten Flüssen und Bergen nach, daß Südamerika weit vor Columbus kartographiert worden ist. Weil seinerzeit Landwege noch nicht erschlossen waren, muß dies aus der Luft erfolgt sein. Professor Gallez hat ferner ermittelt, daß es zur Zeit des König Salomo innerhalb von drei Jahren leicht möglich war, bis nach Südamerika, wo vermutlich das Land Ofir lag, und zurück zu fahren. Wer hat Beweismaterial, mit dem die Theorie einer zur Zeit König Salomos erfolgten Übersiedlung von Erfahrungsträgern über die Cherub-Technik vom Vorderen Orient nach Südamerika einwandfrei widerlegt werden kann?

10. Wenn die Götter von Chavin de Huantar am Himmel fliegen konnten und dabei unter anderem Südamerika aus der Luft kartierten, ist damit möglicherweise auch das Rätsel gelöst, wie auf der Nazca-Hochebene die wunder-

schönen Scharrzeichen entstanden? Oder gibt es zu dieser Hypothese noch Widerspruch?

11. An die Archäologen sei die Frage gerichtet, ob es vorstellbar ist, daß die am Anfang der Bronzezeit entstandenen Cherub-Dampfmaschinen mit ihrem vermutlich 200fach höherem Leistungsvermögen als das eines einzelnen Menschen bei der Errichtung der Megalith-Monumente und vielleicht auch beim Bau der ägyptischen Pyramiden mitgewirkt haben? Welche historischen Sachverhalte schließen es aus, daß damals Maschinen zum Einsatz gekommen sind, die in ihrer Bauweise dem entsprachen, was uns von der Raimondi-Stele überliefert wurde?

Natürlich weiß ich, daß ich mit vorstehenden Fragen einen Großteil von Archäologen, Historikern und Theologen in Verlegenheit bringe. Vermutlich ist es das erste Mal, daß sich ein gestandener Ingenieur mit der Technik in unserer Vorzeit konsequent auseinandergesetzt hat. Ich hoffe, daß ich damit das Tor für einen neuen Forschungszweig, den der Technikarchäologie, aufgestoßen habe und sich jetzt viele Nachfolger finden, die sich gleichermaßen in Zukunft mit der Technik in unserer Vorzeit auseinandersetzen werden.

Unsere Welt ist zu kompliziert geworden. Ohne interdisziplinäre Zusammenarbeit von unterschiedlichen wissenschaftlichen Fakultäten können anstehende Probleme nicht mehr sinnvoll gelöst werden. Ich bitte Archäologen, Historiker und Theologen das Angebot anzunehmen, daß sich künftig auch Ingenieure an der Aufklärung des Geschehens in unserer Vorzeit beteiligen sollen. Für Ingenieure ist eine solche Tätigkeit von erheblicher praktischer Bedeutung, weil sie aus der Naturkopie-Denkweise ihrer Vorzeitkollegen sehr viel zur Bewältigung anstehender Zukunftsprobleme lernen können.

Natürlich weiß ich, daß ich mit meinen vorangegangenen

Ausführungen viele Menschen vor den Kopf gestoßen habe, die bislang davon überzeugt waren, daß die intelligente Technik in der Vorzeit nicht von Menschen erschaffen wurde, sondern von Göttern, die mit ihren Raumschiffen unsere Erde besuchten, mitgebracht wurde. Es tut mir leid, daß ich nichts erkennen konnte, was auf das Wirken von Außerirdischen (AIs) schließen läßt. Jedenfalls gilt das für den Zeitraum später als das Jahr 3760 v. Chr., dem Datum, an dem nach jüdischer Überlieferung die Erde und die Menschen erschaffen wurden. In Ermangelung von verwertbaren Dokumenten aus früheren Jahrtausenden weiß ich nicht, ob es bereits da schon eine intelligente Technik gegeben hat. Nach meiner Meinung besteht ein direkter Zusammenhang zwischen dem Beginn der Bronzezeit und der Entstehung der ersten Cherub-Dampfmaschinen. Deren Entwicklung und Bau haben Menschen unserer Erde zustande gebracht. Sie waren ja seit 30000 Jahren mit gleichem Denkvermögen wie wir heutigen Menschen ausgestattet.
Ich möchte bekennen, daß ich recht froh wäre, wenn urplötzlich ein Außerirdischer mit hoher Intelligenz, ein AI, vor mir stünde. Ob er mit einem UFO landete oder durch ein holografisches Raumzeitloch in der siebten Dimension direkt in mein Arbeitszimmer käme, wäre unwichtig. Ausschlaggebend ist, daß der Vertreter außerirdischer Intelligenz bei der Lösung von Problemen, die wir Menschen uns selbst eingebrockt haben und denen wir nunmehr hilflos gegenüberstehen, aktiv tätig werden könnte. Ich unterstelle, mein AI-Gegenüber unterbreitet folgende Vorschläge:

»Als erstes werden die AIs sämtliche Atom- und Giftgaswaffen auf der gesamten Erde in ›Nichts‹ verwandeln.« – »Sehr schön, wenn ihr uns das abnehmt«, würde ich antworten. »Wir wissen nämlich nicht, wie wir dieses für unsere Zukunft völlig unnütze Teufelszeug auf ungefährliche Art vernichten können.«

»Als nächstes werden die AIs alles radioaktive Material in Atomkraftwerken und Entsorgungsanlagen in ›Nichts‹ umwandeln.« – »Auch sehr schön«, würde ich entgegnen, »denn kein Mensch auf dieser Erde weiß, wie wir das radioaktive Zeug wieder los werden können. Wenn dann wegen nicht mehr existierender Atomkraftwerke etwa 20 Prozent an Strom fehlt, so lernen wir endlich, mit der Elektroenergie weit sparsamer umzugehen als bisher.«

»Als drittes werden euch die AIs zu einer Technik zurückführen, die im vollen Einklang mit der Natur steht. So etwas hat es bereits in der Zeit eurer Urväter vor etwa 4000 Jahren gegeben. Doch ihr habt nicht verstanden, die vielen Chancen der Naturkopietechnik zu nutzen, sondern seid mit eurer heutigen Drehwurmtechnik total in die Irre gelaufen.« Hierauf könnte ich nicht spontan mit »Sehr schön« antworten, sondern müßte eine Gegenfrage stellen: »Soll das heißen, wir sollen in Zukunft wieder mit Schwingflügeln wie die Vorzeitgötter fliegen können, auf daß wir aus dem Beton unserer Straßen wieder fruchtbares Land machen können? Aber das werden unsere Politiker nicht zulassen, weil es dann jedermann möglich ist, auf dem Luftweg von oben in abgesperrte Waffenlager oder Atomkraftwerke einzudringen.«

»Du Tor«, würde mich der Abgesandte der AIs belehren, »Waffenlager und Atomkraftwerke haben wir doch bereits durch die ersten Schritte unseres Eingreifens beseitigt.« Ich verstand, daß er recht hat. Daraufhin fragte ich, was ansonsten noch auf dem Hilfsprogramm der AIs steht. Er antwortete: »Wir werden all das in ›Nichts‹ verwandeln, was euch zur Zeit das Leben so schwer macht: Die neuartigen Krank-

heiten wie Aids, das Drogenproblem, die verdorbene Luft und der schreckliche Lärm in eurer Umwelt.«
Dankerfüllt würde ich dem Abgesandten der AIs für solche Hilfsangebote die Hand drücken und bitten, möglichst rasch die Initiative zu ergreifen.

Leider wird vorstehendes Gespräch mit einem uns wohlgesonnenen Abgeordneten der AIs wohl doch nur ein Wunschtraum bleiben. Ich kenne außer Visionen und Phantasien über UFOs und Außerirdische nichts, was wirklich glaubwürdig und beweisbar ist. Ich respektiere auch durchaus den Glauben von Menschen, die auf die baldige Wiederkehr von Außerirdischen hoffen, auf daß sie hier auf der Erde Ordnung schaffen. Ein solcher Glaube hat dieselbe Existenzberechtigung wie der christliche. Christen ersehnen den Tag, an dem der Messias erscheint und unsere Erde vor Tod und Teufel rettet. Die AI-Gläubigen hoffen auf die Hilfe außerirdischer intelligenter Wesen. Der Glaubensinhalt ist derselbe, nur die Namen der Retter unterscheiden sich. Die Zahl der Gläubigen in den Reihen der christlichen Kirchen schrumpft, die in den Reihen der Esoteriker, UFO- und AI-Gläubigen steigt. Irgendetwas haben die christlichen Kirchen in den vergangenen Jahren falsch gemacht. Haben sie die Menschen allzu lange mit seltsamen Mythen über unsere Vergangenheit abgespeist, bis sie keiner mehr glauben konnte? Ich hoffe, unsere etablierten Kirchen erkennen Möglichkeiten, um bisherige Fehler baldigst zu korrigieren.

Ob das Buch »Zeitalter der Götter« die bisherige Betrachtungsweise unserer Vorzeit, als Götter am Himmel flogen, ändern kann, muß sich zeigen. Eine Lehre aus der Offenlegung der Vorzeit-Naturkopiertechnik im Vergleich zur heutigen Art von Technik läßt sich bereits ziehen: »Es geht auch anders.« Unsere Technik scheint in die Irre gelaufen zu sein. In der Natur gibt es kein Rad, das die Umwelt plattwalzt, keine Atomenergie, die bei einem Unfall alles Leben vernichten kann und keine sinnlose Energieverschwendung, weil Lebewesen, die zuviel Energie verbrauchen, in Hungerzeiten aussterben. Die bewährten Vorbilder der Natur sind besser und überlebenstüchtiger, als was wir Menschen in den vergangenen Jahrzehnten aus der Kombination von abstrakter Physik mit Umsatz- und Machtstreben erfunden haben.

»Es geht auch anders.« Ich werde es beweisen.

Literaturhinweise

Es gibt bereits eine sehr große Zahl von Büchern, die sich mit unserer Vorzeit befassen. Am Ende dieser Bücher findet sich meist ein umfangreiches Literaturverzeichnis. Ich habe mich auch teilweise der hier genannten Literatur bedient, halte es aber nicht für angebracht, nunmehr die Literaturverzeichnisse anderer Bücher abzuschreiben, wie es leider oft geschieht. Falls Sie an weiterführenden Literaturhinweisen ernsthaft interessiert sind, schauen Sie bitte zum Beispiel in die nachstehend genannten Bücher:

U. Dopotka: »Lexikon der Präastronautik« (ca. 1000 Quellen).
K. F. Kohlenberg: »Enträtselte Vorzeit« (ca. 400 Quellen).
F. Capra: »Wendezeit« (ca. 400 Quellen).
J. von Buttlar: »Zeitriß« (ca. 160 Quellen).
H. Stöber: »Herr der Götter« (ca. 100 Quellen).

Diese Nennung ist nicht vollständig. Hinzu kommen insbesondere die vielen Bücher Erich von Dänikens mit jeweils mindestens 100 Literaturquellen im Anhang. Ich sehe keine Notwendigkeit, den über 3000 Quellen, wobei es selbstredend viele Wiederholungen gibt, noch weitere hinzufügen zu sollen.
Dem Leser meines Buches, der einige von mir zitierte Quellen nachlesen möchte, ist bereits weitgehend mit nachste-

hend genannten, meist preiswerten und leicht erhältlichen Büchern geholfen:

»Die Bibel«, Einheitsübersetzung, Herder-Verlag.
»Heilige Schrift«, übersetzt von L. Zunz, Goldschmidt-Verlag.
»Bildatlas der frühen Kulturen«, Bertelsmann-Verlag.
»Lexikon der antiken Mythen und Gestalten«, dtv-Verlag.
»DuMonts Geschichte der frühen Kulturen«, DuMont-Verlag.
»Knauf-Museumführer«, Eigenverlag, 8715 Iphofen.

Bildnachweis

Illustrationen: Atelier Numberger, München.
Alle Zeichnungen bis auf nachfolgend genannte nach Vorlagen und aus dem Archiv des Verfassers. Bild 14, 15, 16, 23: Knauf-Museum Iphofen. Bild 33: »Bildatlas der Frühen Kulturen.« Bild 34: Gallez: »Das Geheimnis des Drachenschwanzes.« Bild 36 und 37: Schele: »The Blood of Kings.«